阿德勒
心理学讲义 2

儿童的人格教育

［奥］阿尔弗雷德·阿德勒（**Alfred Adler**）——著
黄维锋——译

The Education of Children

机械工业出版社
CHINA MACHINE PRESS

本书是20世纪伟大的心理学家、个体心理学创始人阿德勒论述儿童人格发展和教育观念的一本经典著作。阿德勒认为，一个人的生活风格是他所有行为的根源。因此，父母、老师应帮孩子了解其问题的症结所在，帮孩子塑造影响其一生的生活风格。

基于这一目标，阿德勒认为，解决孩子说谎、打架、暴躁、懒惰等问题行为的关键就在于了解其整体的人格，并给予同情、理解、关爱和鼓励，而不是一味地惩罚。为此，我们要通过提高孩子面对工作的课题、交友的课题和爱的课题的能力，来培养孩子积极、自信、乐观、坚毅的品格。

本书不仅能帮家长、教师和心理咨询师更深入地了解孩子，而且对培养出拥有健全人格的孩子非常有启发。

图书在版编目（CIP）数据

阿德勒心理学讲义.2，儿童的人格教育／（奥）阿尔弗雷德·阿德勒（Alfred Adler）著；黄维锋译. —北京：机械工业出版社，2022.5

书名原文：The Education of Children

ISBN 978-7-111-70867-4

Ⅰ.①阿… Ⅱ.①阿… ②黄… Ⅲ.①心理学-研究 ②儿童心理学-人格心理学 Ⅳ.①B84

中国版本图书馆CIP数据核字（2022）第088073号

机械工业出版社（北京市百万庄大街22号 邮政编码100037）
策划编辑：坚喜斌 责任编辑：坚喜斌 侯春鹏
责任校对：王 欣 王 延 责任印制：李 昂
北京联兴盛业印刷股份有限公司印刷

2022年7月第1版·第1次印刷
145mm×210mm·8.125印张·1插页·132千字
标准书号：ISBN 978-7-111-70867-4
定价：55.00元

电话服务
客服电话：010-88361066
010-88379833
010-68326294

网络服务
机 工 官 网：www.cmpbook.com
机 工 官 博：weibo.com/cmp1952
金 书 网：www.golden-book.com
机工教育服务网：www.cmpedu.com

引言

从心理学的角度来看，对于成年人而言，教育问题可以归结为两类，即自我认知和理性的自我指导。这与儿童的教育问题是一样的，但两者之间还存在着一些区别：由于儿童尚不成熟，给予他们指导就显得极其重要，有时成年人也需要这种指导。如果我们可以让儿童自主发展，而且假设他们有两万年左右的时间和一个良好的环境来发展，他们最终会接近成年人的文明行为标准。当然，这种假设是不可能实现的，所以儿童的发展需要成年人给予一定的关注和指导。

我们在这方面最大的困难是对儿童教育的无知。即使对一个成年人来说，要了解自己、了解自己情绪的起因、了解自己的喜恶，即要了解自己的心理，也是相当困难的，更不用说去了解儿童，并在恰当的知识基础上给予他们指导了。

个体心理学特别关注儿童的心理发展，这不仅有学科自身的原因，也是出于研究儿童心理有助于我们理解成年人的性格特征和行为。与其他心理学方法不同的是，它不允许理论和实践分离。它牢牢地把握住人格的统一性，研究人格发展与表达的内在动力。从这个角度看，个体心理学的科学理论已经是一种实践智慧，因为这种理论是关于实践中的错误的知识。无论心理学家、父母、朋友或个人自己，一旦掌握了这种知识，都可以很快地将它们应用于指导自己个性发展的实践。

个体心理学的研究方法，决定了其学说是一个有机整体。因为个体心理学认为个体的行为受到人格统一性的激发和指引，所以个体心理学在人类行为方面的任何理论都反映了心理活动中同样的内在关系。因此，在本书引言中，我们将先从整体上提出有关个体心理学的观点，然后进一步阐述。

人类发展的一个基本事实就是心理追求和有目的的奋斗。儿童从婴儿时期开始，就进入了持续追求个人发展的努力中。这种努力是无意识形成的，但始终与一种期待自己能够变得伟大、完美和卓越的愿景相一致。这种努力实现目标的活动，自然反映了人类特有的思考和想象能力，也影响着我们一生中所有的具体行为。它甚至影响着我们的思想，因为我们不是客观地思考问题，而是按照我们所形成的生活目标和生活方式来思考问题。

人格的统一性暗含在每个人的存在之中。每一个个体既代表着人格的统一性，又代表着个体的独特性。因此，每个人既是一幅画作，也是创作这幅画的艺术家。他虽然是自己人格的画家，但作为一个画家，他既不是一个毫不犯错的人，也不是一个对心灵和身体有着完整理解的人——相反，他是一个脆弱的、极易犯错的、不完美的人。

在考虑人格的构建时，需要注意的一种主要缺陷是，人格的统一性及其独特的生活风格和目标，不是建立在客观现实的基础上的，而是建立在个人对生活事实的主观看法之上的。个体对一个事实的看法和认识，从来不是这个事实本身。也正因为如此，生活在同一个世界的人会把自己塑造得很不一样。每个人都根据自己对事物的主观想法塑造自己，其中有些主观想法很合理，有些则不那么合理。在一个人的发展过程中，必须始终考虑这些个人想法的错误和失败之处。更为重要的是，我们必须正视童年早期的一些问题，因为这些问题主导了我们随后生活中的很多事情。

我们来看一个具体的例子。有一个 52 岁的女人，总是贬低比她年长的女人。她提到这样一个事实，当她还是个小孩子的时候，她总是因为自己的姐姐而感到被羞辱、被轻视，而她的姐姐则受到了所有人的关注。从个体心理学的时间维度来看这个案例，我们可以看到，从她生命早期开始到生命的当下，乃至生命即将结束的时候，都一直存在着同样的心理机制和心理动力，即她总是担心自己被低估，而且看到别人更受欢迎或更受宠时，她会感到十分愤怒。即使我们对这个女人的生活一无所知，即使我们对她独特的个性一无所知，也基本可以根据前面给出的这些事实，来填补我们不了解的那些信息。心理学家在这方面表现得像小说家一样，按照确定的行为、生活方式或行为模式来构建一个人，并且这种构建方式必须保证他的人格统一性不被破坏。一个好的心理学家甚至能够预测这个女人在特定场合下的行为，并清楚地描述她性格中伴随这条“生命线”的种种特征。

个体对于构建人格特征的努力，或者做出的有目的的活动，都以另一个重要的心理学事实为前提，也就是个体的自卑感。每个孩子都有一种与生俱来的自卑感，这种自卑感激发了他们的想象力，并激励他们改善自己的处境以消除这种自卑感。一个人处境的改善会减少这种自卑感。从心理学的观点来看，这可以看作是一种补偿机制。

现在关于自卑感和心理补偿机制非常重要的一点是，它非常有可能导致人们犯错。自卑感可以刺激我们完成目标；它也可能仅仅带来心理调适，这种调适会使个人与客观现实之间的距离变大。自卑感让人们感到自己如此不幸，以至于克服它的唯一方法是发展个体的心理补偿，不过这种方法最终可能无法完全克服自卑感。尽管如此，从心理上来说，这些心理补偿是必要的，也是无法避免的。

例如，有三类儿童明显地表现出了心理补偿特征的发展。一类是带着生理缺陷来到这个世界的孩子，一类是被严厉而无情地对待的孩子，还有一类是受到了太多溺爱的孩子。

我们将这三类儿童作为三种基本情况进行案例研究，以便探究和理解更多普通孩子的成长和发展情况。并非每个儿童生来就有残疾，但令人惊讶的是，很多孩子或多或少地表现出基于某些生理疾病或器官缺陷的心理特征。这种心理特征的原型可以在残疾儿童这种极端案例中找到。至于被讨厌和被溺爱的孩子，我们可以看到，几乎所有孩子都或多或少地可以被归为其中的一种或两种类型。

这三种基本情况都会让儿童产生一种不足感和自卑感，并由此发展出一种超出人类能力范围的野心。自卑感和追求优越往往是人类生活中同一基本事实的两个阶段，因此是不可分割的。在病理状态下，很难说究竟是夸大的自卑感还是夸大的优越感更有害。它们或多或少都像有节奏的波浪一样此起彼伏。在儿童的案例中，我们发现了被夸大的自卑感所激起的过度野心，它的作用就像心灵毒药一样，使孩子总是无法感到满足。这种不满不会给他们带来有效的行为。这种野心可能会扭曲儿童的性格特征和个人行为。它就像一种持续的刺激，使人变得极度敏感，唯恐自己受到伤害或被人践踏。

这种个体心理学中随处可见的人类个体类型，会成长为那种能力没有长进的人，也就是我们所说的“神经质”或古怪的人。这类人如果被逼得太厉害，就会变成不负责任、容易犯罪的人，因为他们只考虑自己而不考虑他人。无论是道德上的还是心理上的，他们的自我中心都是十分彻底的。我们发现，他们中的一些人逃避现实和客观事实，并为自己构建出一个全新的世界。通过做白日梦，拥抱这些不切实际的幻想，他们最终成功地获得了自己内心的平静。他们通过在脑海中构建现实的方式，使心灵与现实得到了和解。

心理学家和父母在观察时需要留意的是，所有这些发展的评判标准都是孩子或个体表现出来的社会情感的程度。社会情感是儿童正常发展的关键和决定因素。任何会导致社会情感减弱的干扰因素，都会对孩子的心理成长产生不利影响。社会情感的发展程度是孩子是否健康发展的晴雨表。

个体心理学正是围绕着社会情感的原则发展出了相应

的教育技巧。父母或监护人不可以让孩子只依恋一个人。如果允许孩子这么做，孩子就会发现自己对以后的生活没有做好充分的准备。

了解儿童的社会情感发展程度的一个好办法是观察他刚刚进校时的表现。入学后，孩子面临着最早也是最严峻的考验。对于孩子来说，学校是一个全新的环境。因此，学校生活将揭示孩子面对新情况的准备有多充分，尤其是他是否对结交新朋友做好了充分准备。

家长普遍缺乏让孩子为上学做好准备方面的知识，这也解释了为什么那么多成年人回顾他们的校园时光就像经历了一场噩梦。当然，如果学校管理得当，往往会弥补孩子早期培养过程中的种种不足。理想的学校应该充当家庭和广阔的现实世界之间的中介，它不仅是一个传授书本知识的地方，而且应该是一个传授生活知识和生活艺术的地方。一方面，我们期待着出现一个理想的学校，以克服父母在教育孩子过程中的种种不足；另一方面，我们也要指出父母在教育孩子过程中所犯的错误。

要分析家庭教育的缺陷，学校可以作为一个指示器。那些没有学会如何与他人相处的孩子在入学后会感到孤单。因此，他们会被看作异类，而且这种倾向随着时间的推移会变得越来越明显。他们的正常发展会受到阻碍，最后就成了问题儿童。这种情况下，人们会指责学校，尽管学校在这里的作用只是揭示了家庭教育的潜在问题而已。

问题儿童在学校能否取得进步，一直是个体心理学所面临的一个尚无定论的问题。不过，我们总能证明，一个孩子在学校出现成绩下滑是一种十分危险的迹象。这种危险并不是指学业上的危险，而是指心理方面的危险，因为这意味着孩子已经开始对自己失去信心了。孩子因为感受到挫折，开始回避一些有用的行动和任务，想要寻找另一个出路——一条通往自由和成功的快捷道路。他没有选择社会替他规划好的正常的道路，而是选择了一条个体的道路。在这条个体的道路上，他可以获得一种优越感，以此来补偿自己低人一等的感觉。孩子选择的这条个体的道路，因为能够快速获得心理成功而总是吸引着那些失去勇气的人。相比社会所认可的常规道路，这条道路通过抛弃社会和道德责任乃至触犯法律的方式，更容易突出一个人的自我，也更容易给自我带来一种征服者的感觉。但是，这条通往优越感的捷径总是暗藏着怯懦和软弱，而不管一个人的外在行为表现得有多么大胆和勇敢。这样的人总是尝试去做那些他确定会成功的事情，以显示他的优越性。

正如我们所看到的，尽管罪犯表现出明显的鲁莽和无畏，但实际上他们却很懦弱。因此，我们能够看到，在不太危险的情况下，儿童会通过各种很小的迹象暴露出自己的软弱感。我们也经常会看到一些无法挺直站立，必须始终靠在什么东西上的儿童（当然有些成年人也是如此）。如果用这些传统的方法来训练孩子，用陈旧的理念来理解孩子，虽然表面上症状得到了治疗，但是根本上并没有真正的改变。我们常常对这样的孩子说："不要老是靠在这些东西上。"实际上，重要的并不在于孩子依靠在什么东西上，而在于他总是感到需要得到别人的支持。通过惩罚或奖励，很容易说服孩子放弃这种软弱的表现，但孩子对获得支持的强烈需求并没有因此得到满足。问题继续存在。一个好的教育工作者，能够读懂这些迹象，并且能够用同情和理解根除儿童这种潜在的问题。

从一个单一的迹象，人们常常就可以推断出儿童身上存在的许多品质或特征。如果儿童喜欢依靠在某种东西上，我们马上就能知道，这个儿童具有焦虑和依赖等性格特征。通过将这个儿童与我们熟知的有相似特点的人进行比较，就可以勾勒出他的性格，也可以看出这是一个被溺爱的孩子。

现在我们来看看另一类儿童的性格特征，即那些缺乏关爱的孩子。这类儿童的特征，可以在那些对人类危害极大的人的传记中看出来。在所有这些人的生命故事中，有一方面很突出，那就是他们小时候都受过虐待。他们随后发展出了冷酷、嫉妒和仇恨的性格。他们无法容忍看到别人开心。现在我们发现，这类喜欢嫉妒的人不仅存在于十足的恶棍中，也存在于正常人中。这些人有了子女之后，会认为他们的孩子不应该比他们小时候更快乐。我们发现，这样的观点不仅出现在有自己小孩的家长身上，也出现在负责照料别人小孩的监护人身上。

这样的观点，这样的想法，并非出于恶意。它们仅仅反映了那些小时候受到严厉管教的人的心态。这样的人可以说出很多充分的理由和格言，例如，“不打不成器。”而且他们会给我们提供数不尽的证据和例子，但这些证据和例子并不能使我们完全信服，因为显然它使孩子与他的教育者疏远了。因而，僵化的、命令式的教育是徒劳的。

心理学家通过探索各种症状并将它们相互联系起来，经过一些实践之后，建立了一个系统，借助这个系统，那些隐藏的心理过程可以得到揭示。虽然我们借助这个系统考察的每一个要点都反映了被考察人的人格的某些方面，但只有当我们考察的每一个要点都得出同样的结论时，我们才会感到满意。因此，个体心理学既是一门艺术，也是一门科学。需要强调的是，对个体进行考察时，我们不应以一种呆板的、机械的方式将理论框架和系统概念应用于个体。在所有研究中，最重要的是研究个体本身。我们不可能仅仅根据一种或两种表达模式就得出影响深远的结论，而是必须找出所有可能支持我们论点的证据。只有当我们成功地确认了我们的初步假设，例如，只有当我们能够在个体身上找到与他的行为相同的其他顽固或沮丧的表现时，才能确定地说，这种顽固或沮丧已经渗透到他的整个人格中了。

在这方面，我们必须记住，被考察的主体并不理解自己的表达方式，因此也就无法掩饰自己的真实自我。我们从他的行为中看到了他的个性。他的个性不是通过他说的话或对自己的看法来揭示的，而是通过他在不同情境中的行为表现出来的。这并不是说病人在故意对我们撒谎，而是我们已经能够辨识出，在一个人有意识的想法和无意识的动机之间存在着巨大的鸿沟。这个鸿沟只能由一个公正且富有同情心的局外人来填补。这个局外人，无论是心理学家、家长还是老师，都应该学会基于客观事实来描述一个人的人格特征，而这些客观事实体现了一个人有目的的或者无意识的个人追求。

因此，一个人对个体生活和社会生活的三个基本问题的态度，揭示了他的真实自我。第一个基本问题是社会关系，我们已经通过对现实问题的个人观点和客观观点的对比来讨论过这个问题。但是，社会关系也表现为一种特殊的任务，即结交朋友和与人相处。人们如何面对这个问题？他的答案是什么？当一个人认为交友的问题、社会关系的问题对他完全无关紧要，并以此来回避这个问题时，那么漠不关心就是他的答案。当然，从这种漠不关心中，我们可以得出他的性格类型和人格构成方面的一些结论。此外，我们需要指出，社会关系并不仅仅局限于结交朋友和与人相处，还包括了所有抽象的品质，如这种关系所带来的友谊、真诚、忠诚等。因此，对社会关系问题的回答，也反映了一个人在这方面的态度。

第二个基本问题是个体想要如何利用他的生命，即他想在劳动分工中扮演什么角色。如果可以认为这个问题是由“我－你”关系所决定的，那么也可以说这个问题是由“人类－地球”这一基本关系所决定的。如果我们可以把整个人类归结为一个人，那么这个人就会与地球产生相关性。他想从地球那里得到什么呢？就像第一个问题一样，解决职业问题也不是单方面的或个人的，而是人类与地球之间的事情。这是一种双边关系，在这种关系中，人们并不能事事如愿。成功不是由个人意志决定的，而是取决于客观现实。因此，一个人对职业问题的回答以及他回答的方式，对揭示他的人格和他对生活的态度而言极具启发意义。

第三个基本问题产生于人类可以分为两种性别这一事实。这个问题的解决也不是一件个人的、主观的事情，而是必须根据两性关系的内在客观逻辑来解决。我对异性的态度是什么样子的？如果采用典型的个人主观看法，那么同样是错误的。只有对所有与两性关系相关的问题深思熟虑之后，才能找出正确的解决方法。毫无疑问，每一次偏离爱情和婚姻问题的原则，都意味着一个错误，都表明人格当中出现了错误。而且，这些问题的错误解决方法带来了很多有害的后果，这也可以解释为是由人格的潜在错误导致的。

因此，我们可以从一个人对这三个基本问题的回答中，发现他的一般生活方式和个人目标。这个目标无所不能，它决定着一个人的生活方式，并将反映在他的每一个行为中。因此，如果一个人的目标是努力成为一个有用的人，这个目标就会指向生活的有用方面，那么实现目标的迹象将在个人对所有问题的解决方案中体现出来。所有的解决方案都会体现出一种建设性的作用，伴随着建设性和有用的行为，个体将获得幸福感、价值感和力量感。如果目标指向相反的方向，比如目标指向生活中个人的、无用的方面，那么个体就会发现自己无法解决根本问题，也不会从正确解决问题的过程中获得快乐。

这些基本问题之间有着紧密的联系，衍生出了社会生活中的特定任务，而这些基本问题只能在社会或公共环境中才能得到合理的解决。也就是说，必须基于社会情感才能得到适当的解决。这些任务始于童年早期，那时我们的感官遵循社会生活的刺激，在我们与兄弟姐妹、父母、亲戚、熟人、同事、朋友和老师的关系中，通过不断地看、说、听而得到发展。这些特定的任务，以同样的方式贯穿我们的一生。因此，如果一个人失去了与同伴的社会联系，就会迷失方向。

因此，个体心理学认为对社会有用的东西是“正确的”，这是很有道理的。个体心理学认识到，每一次偏离社会标准的行为都是对正义的侵犯，并与客观规律和客观需要相冲突。这种与客观性的冲突，首先表现在实施侵犯的个体会体会到自己毫无价值，还表现在感到自己被侵害的个体会产生强烈的报复心理。最后，可以说，对社会标准的背离违背了普遍存在的社会理想。而我们每个人，都有意识或无意识地在自己身上承载着这样一种理想。

由于个体心理学一直强调可以把儿童的社会意识作为其个体发展的一种测试标准，因此个体心理学很容易理解和评估儿童的生活方式。因为一旦儿童面临生活问题，他就会像在接受测试一样，暴露自己是否做好了“正确”的准备。换句话说，他会表现出他是否有社会情感、是否有勇气、是否有理解力，以及是否有一个对社会有益的目标。然后，我们就可以尝试找出他努力向上的形式和节奏，找出他的自卑感的程度和他的社会意识的强度。所有这些方面紧密相连、互相渗透，从而形成了一个有机的、不可分割的统一体。这个统一体是牢不可破的，如果发现了其中的缺陷，则需要重建。

目 录

第1章
人格的统一性

研究儿童的精神生活是一件很奇妙的事情，无论接触它的哪一方面，都会让人着迷。也许其中最值得注意的事实是，为了理解某一个特定行为，我们必须了解孩子的全部生活历程。儿童的每一个行为似乎都传递着他的整个生活和人格特征，因此，如果我们不了解隐含的背景，就无法理解他的行为。我们把这种现象称为人格的统一性（unity of personality）。

这种统一性的发展，即把行动和表达协调成一个单一的模式，从儿童很小的时候就开始了。生活的种种要求迫使孩子以一种统一的模式做出反应，而这种应对环境的统一模式不仅构成了孩子的性格，而且使他的所有行为个性化，从而与其他孩子相区别。

人格的统一性这一事实，通常被大多数心理学流派所忽略。即使它没有被完全忽略，也没有得到应有的重视。因此，在心理学理论和精神病学实践中，我们经常会发现一个特定的手势或一个特定的表达被挑选出来进行研究，就好像它是一个独立的存在。有时，这种表现被称为一个情结，而且假定可以将它从个体的整体行为中分离出来。但是，这样的过程就好比从整个旋律中挑出一个音符，然后试图抛开整个旋律而只去理解这一个音符的意义。这样的做法显然不合适，但不幸的是，它是普遍存在的。

个体心理学不得不站在反对这一普遍存在的错误的立场上，尤其是当它应用于儿童教育时，这种错误将会对儿童带来很大的伤害。这种错误的做法可以在惩罚理论中找到。当孩子做了会招致惩罚的事情时，通常会出现什么后果呢？诚然，在某种意义上，我们通常会考虑到孩子的个性给人留下的总体印象，但这通常是不利的，因为对于一个经常犯错的孩子而言，老师或家长在接近他时容易产生偏见，认为他是屡教不改的。相反，如果孩子在其他方面表现很好，基于总体印象，人们往往倾向于不那么严厉地对待他的错误。尽管如此，在这两种情况下，我们都没有找到问题的真正根源，因为我们需要在全面理解儿童人格统一性的基础上才能找到这种根源。我们的做法就好像是，试图理解从整个旋律的背景中分离出来的几个独立音符的意义一样。

当我们问一个孩子为什么懒惰时，不能指望他明白我们必须了解那种根本联系的原因，也不能指望他明确地告诉我们他为什么撒谎。千百年来，对人性有着深刻理解的苏格拉底的名言一直在我们耳边回响："认识自己是多么困难！"那么，我们有什么权利要求一个孩子回答如此复杂的问题呢？即使对心理学家而言，回答这个问题也是相当困难的。为了理解个体某一行为所表达的意义，我们首先需要有一种理解整体人格的方法和理论。这并不意味着要去描述儿童做了什么和他如何去做，而是要去理解孩子面对他面前的任务时所采取的态度。

下面的例子说明了我们理解孩子整体的生活环境是多么重要。有一个 13 岁的男孩，他是家里两个孩子中较大的一个。5 岁以前，他一直是家里唯一的孩子，日子过得很美好。然后，他的妹妹出生了。以前，身边的每个人都非常乐意满足这个男孩的所有愿望。毫无疑问，母亲十分宠爱他。父亲是个脾气很好的人，很喜欢儿子对他的依赖。因为父亲是一名军官，经常不在家，所以儿子自然和母亲更亲近。他的母亲是一位聪明而善良的女性，她试图满足这个对她依赖而又顽固的儿子的每一个突发奇想的要求。尽管如此，她还是经常对儿子表现出的没有教养或威胁性的手势感到恼火。他们的关系变得很紧张，这种紧张主要表现在男孩不断地想要欺压他的母亲，比如对她发号施令、戏弄她。简而言之，无论何时何地，只要有可能，他都会让自己变得令人讨厌。

男孩的行为使他的母亲非常烦恼，但由于没有其他特别坏的毛病，母亲就顺从了他，给他整理衣服，帮助他完成功课。这个男孩始终相信，他的母亲会帮助他摆脱任何困难。毫无疑问，他是一个聪明的孩子，与普通的孩子一样受到了良好的教育，他在小学取得了相当不错的成绩。直到 8 岁那年，他发生了明显的变化，他和父母的关系恶化到令其父母难以忍受。他对自己的自暴自弃和粗心大意使母亲无法忍受，而且只要母亲不给他想要的东西，他就会扯母亲的头发。他从不让母亲安静下来，总是捏她的耳朵或掰她的手。他拒绝放弃自己的恶作剧，而且随着妹妹的长大，他更加固守自己的这套行为模式。他的妹妹很快就成了他这些恶作剧的目标。虽然没有真的伤害妹妹，但是他对妹妹的嫉妒是显而易见的。从妹妹出生并开始在家庭中扮演一个重要角色开始，他的表现就开始严重恶化了。

需要特别强调的是，在这种情况下，如果一个孩子的行为开始变坏或者某些新的不良行为开始出现，我们不仅要考虑这种情况开始的时间，还要考虑刺激这种情况产生的原因。“原因”这个词在这里只能勉强使用，因为我们无法理解，为什么妹妹的出生会成为哥哥变成问题儿童的原因。尽管如此，这种情况经常发生，原因是哥哥对妹妹的存在有着错误的认识。从严格的科学意义上来讲，这不是一个因果关系，因为我们不能说，一个更小的孩子出生了，年长的孩子就一定会变糟糕。而我们可以肯定地说，当一块石头掉到地上时，它必定以一定的速度朝一定的方向下落。但个体心理学所做的研究使我们有权宣称，在一种心理“掉落”的过程中，严格的因果关系并不起作用，反而是个体所犯的那些大大小小的错误会影响个体未来的发展。

毫无疑问，在人类心理的发展过程中肯定会出现错误，这些错误及其后果会同时出现，并且会在某个失败或错误的方面自行暴露出来。所有这一切都是源于个体所设定的心理目标，因为目标设定涉及个体对各方面的判断。也就是说，一旦涉及判断，就会存在犯错误的可能性。这种目标的设定或确定始于童年早期。通常，儿童在两三岁时就开始为自己确立一个有优越感的目标，这个目标将永远在他面前引导他，激励他以自己的方式为之奋斗。通常，确定目标会涉及一些错误的判断，尽管如此，这个确定的目标还是或多或少地约束着儿童。儿童将在自己的具体行为中把自己的目标具体化，并且安排好自己的整个生活，以便不断地朝着这个目标努力。

因此，我们要牢记两个重要的事实：儿童的发展是由他对事物的个性化理解所决定的；儿童在面对新的困难时，总是会重复自己的错误行为。我们知道，某个情形给儿童带来了多大的影响，或者带来了什么性质的影响，并不取决于客观现实或环境（如第二个孩子的出生），而是取决于这个儿童如何看待客观现实。这就有了充分的理由来反驳因果关系论：客观现实及其绝对意义之间存在着必然的联系，但我们看待客观现实的错误看法与客观现实之间却并不存在这种联系。

对于我们的精神生活而言，真正值得注意的是，决定我们行动方向的是我们的观点，而不是客观现实本身。这是非常重要的，因为我们的所有行为都是以此为基础的，我们的个性也是在它的基础上组织起来的。恺撒大帝登陆埃及的情况为我们提供了一个在人类行动中发挥主观思想的经典例子。当恺撒跳上岸时，他绊了一跤，摔在地上，罗马士兵把这种情况当作一个凶兆。尽管他们很勇敢，但如果不是恺撒伸出双臂大喊“我得到你了，非洲!”，他们还是会转身回去的。从这个例子我们可以看出，现实是多么地缺乏因果联系，以及它的主观效果是如何由一个有组织的、完整的人格所塑造和决定的。同样的道理也适用于从众心理及其与理性的关系。如果某种从众的心理条件符合公共常识，那不是因为从众心理或常识是由情境的因果关系决定的，而是因为它们的观点刚好自发地达成了一致。

通常，只有在错误的观点得到验证和排除之后，常识才会出现。

回到这个男孩的故事上来，我们可以说，他很快就发现自己陷入了困境。他发现再也没有人喜欢他了，他在学校里也没有任何进步，但他依旧我行我素。他仍然不断地干扰别人，这种行为已经完完全全成为他人格完整性的一种表达。之后发生了什么呢？每当他干扰别人时，他就会立即受到惩罚。他的成绩单评语很差，他的父母不断收到老师的投诉信。情况就这样一直持续下去，直到他的父母接到学校通知，要求把他从学校接走，因为他似乎并不适合学校的生活。

对于这样的解决方案，恐怕没有人比这个男孩更高兴了。他不想要别的解决方案。他行为模式中的逻辑一致性再一次在他的态度中呈现出来了。这是一种错误的态度，但是一旦形成，就会始终如一地表达出来。当他为自己设定了始终处于关注焦点的目标时，他就已经犯了一个根本性的错误。如果他因为犯了错误而必须受到惩罚的话，那么，这个目标才是他受到惩罚的原因。正是由于这个目标，他不断地试图让他的母亲迁就他。也正是由于这个目标，他的行为表现就像一个国王，在拥有了 5 年的绝对权力之后，突然被赶下了王位。在他被剥夺王位之前，他是母亲唯一的存在，而母亲也是他唯一的存在。但这个时候他的妹妹出生了，他拼命地挣扎着想要夺回失去的王位。这种做法使他犯下一个又一个错误。但我们必须承认，这样的错误并不涉及任何本性的恶劣或邪恶。当一个孩子被带到一个他完全没有准备好的环境中，并被允许在没有任何指导的情况下进行抗争时，邪恶就会滋生出来。举个例子，一个孩子原本只习惯于面对一个全身心地投入于他的母亲，但突然之间，他要面临一个完全不同的环境，因为他开始上学了，而老师必须把自己的注意力分散到许多人身上；当这个孩子要求老师给予自己的关注超过他应得的份额时，老师就会很生气。这种情况对娇生惯养的孩子来说是充满危险的。但尽管如此，孩子还远谈不上是本性邪恶或不可救药的。

因此，我们可以理解的是，就这个男孩而言，他个人的生存策略与学校对他的要求和期待之间产生了冲突。通过描绘孩子个人的人格方向和目标，以及学校生活设定的目标，我们可以用图示来呈现这种冲突。这两种目标指向不同的方向。但是，在孩子的生活中所发生的一切都是由他自己的目标决定的，也就是说，在他的整个人格中，除了朝着这个目标的方向前进之外，就没有别的目标了。而学校会期待每个孩子都有一个正常的生活计划和目标。因此，这种冲突是不可避免的，但这所学校没有试着理解这种情况下儿童的心理现实，而且既没有考虑到这种冲突，也没有试图消除这种冲突产生的根源。

我们知道，这个孩子的生活是由一种愿望所主导的，那就是让他的母亲为他操心和服务，并且只服务于他一个人。在他的心理图式中，可以说一切都集中在这个想法上，即我必须支配我的母亲，我必须是唯一拥有她的人。但别人对他还有不同的期待。人们期待他可以独自学习，保管好课本和作业，整理好自己的物品。这样的期待就好像把一匹性子暴烈的赛马拴在一辆马车上。

在这种情况下，男孩的表现自然不是最好的。但当我们了解了他真实的处境后，我们更倾向于同情他。在学校里，惩罚这个男孩是没有用的，因为这只会让他确信学校里没有他的容身之处。当他被学校开除，或者当学校要求父母把他带走时，这个男孩就会觉得自己离目标更近了。他错误的感知方式就像一个陷阱。他觉得自己得到了自己想要的，因为他现在真的把他的母亲掌控在手里了。母亲必须再次全身心地投入到他身上，而这正是他想要的。

当我们认识到了事情的真实情况后，就必须承认，挑出这个或那个毛病来惩罚这个孩子是没有用的。例如，他忘带了一本书，如果他没有忘带，反倒奇怪了，因为当他忘记的时候，他就相当于给他的母亲找了一些事情做。这不是一个孤立的个人行为，而是整个人格体系中的一部分。如果我们在心里牢记，一个人的人格的所有表达都会与整体人格相一致，那么我们就可以看到，这个男孩的行为完全符合他自己的生活方式。他的行为始终如一，并且与他自己的人格逻辑相一致。这一事实同时也驳斥了那些认为他不能完成学业是由于智力低下的假设。一个智力低下的人是无法按照自己的生活方式生活的。

这个高度复杂的案例引发了另一个观点。我们所有人的处境都与这个男孩的处境有点类似。我们自己的计划、对生活的解释，从来都不会与公认的社会传统完全一致。在过去，人们都把社会传统看得神圣不可侵犯。然而，现在我们已经意识到，在人类的社会制度中，并没有什么神圣不可侵犯的东西。它们都不是一成不变的，而动力来自社会中个体的努力。社会制度的存在是为了个体，而非个体为了社会制度而存在。个体的救赎确实存在于他的社会意识和社会情感，但社会意识并不意味着强迫个人进入一种循规蹈矩的社会模式中去。

这种对个人与社会关系的思考，是个体心理学理论的基础，特别适用于学校系统，特别适用于对那些不适应学校生活的儿童进行治疗。学校必须学会把孩子视为具备某种人格的独立个体来看待，视为一个需要培养和发展的有价值的人来看待。同时，学校还必须学会运用心理视角来判断儿童的某些特定行为。正如我们所说，学校不能将这些特殊的行为视为单一的音符，而应视为整个旋律的一部分，即当作整体人格的一部分。

第2章

追求卓越及其对教育的意义

除了人格的统一性，人性方面最重要的心理事实是对优越感和成功的追求。这种努力当然与自卑感直接相关，因为如果我们没有自卑感，就不会有想要超越当前情况的欲望。追求卓越和感到自卑，这两个问题实际上是同一心理现象的两个方面。但为了便于阐述，我们将它们分开来讨论。在这一章，我们将主要谈谈追求卓越方面的内容，以及追求卓越的教育意义。

关于优越感，人们可能会问的第一个问题是，对它的追求是否是与生俱来的，就像我们的生物本能一样。我们必须回答说，这是一个极不可能成立的假设。我们确实不能说优越感是天生的。然而，我们必须承认，追求优越感必然存在一定的生物基础，也就是必然存在一种具有成长潜力的内核。也许我们可以这样说：人的本性是和追求卓越的发展息息相关的。

当然，我们都知道，人类的活动仅限于某些领域，有些能力是我们永远无法培养出来的。例如，我们永远无法获得狗的灵敏嗅觉，我们的眼睛也不可能感知光谱中的紫外线。但是，也有某些功能性的能力是可以进一步发展的，而且正是在这种通过努力就能获得的能力中，我们看到了追求卓越的生物学根源以及人格中心理发展的全部根源。

就我们所知，这种在任何情况下都坚持自我的强烈愿望和动力，对儿童和成年人来说都是很普遍的，而且无法消除。人性无法容忍长期的服从，人类甚至推翻了自己的上帝。这种被蔑视和被贬低的感觉，这种不确定感和自卑感总是会使人产生一种达到更高水平的欲望，以便获得心理补偿和自我的完整。

我们可以证明，儿童的某些特质是环境力量的结果，这些环境力量在他们身上形成了自卑、软弱和不确定的感觉，而这些感觉反过来又对他们的整个精神生活产生了影响。他们的目标是使自己摆脱这种状况，达到更高的境界，并获得一种平等的感觉。上进的愿望越强烈，孩子为不断寻找证明自己力量的证据而设定的目标就越高，而这种证据往往超越了人类力量的极限。因为孩子有时会得到来自各个方面的支持，因此孩子会描绘出一幅近似于上帝视角的未来图景。在某种程度上，孩子们的想象力往往会暴露出这样一个事实，即他们有着让自己变得像上帝一样的想法。这通常发生在那些觉得自己最弱的儿童身上。

举个例子，有一个 14 岁的孩子发现自己的精神状况非常糟糕。当他被问及童年的印象时，他清楚地记得，在他6岁时，当他意识到自己还不会吹口哨后，他感到十分痛苦。然而有一天，当他走出家门时，他成功地吹响了口哨。他感到非常惊讶，并且相信一定是上帝附身让他学会了吹口哨。这个案例清楚地表明，软弱的感觉与接近上帝的感觉之间有着密切的联系。

个体对优越感的渴望与显著的性格特征有关。通过观察这种趋势，我们可以看到孩子的雄心壮志。当这种自我肯定的渴望变得异常强烈时，其中往往会包含一些嫉妒的成分。这类孩子很容易养成希望竞争对手遭受厄运的心理，他们不只是希望（这通常会导致神经官能症），还会真的去伤害别人，给别人制造麻烦，甚至还会时不时表现出明显的犯罪特征来。这样的孩子会诽谤他人、泄露秘密、贬低同伴，从而提升自己存在的价值，尤其是在别人关注他的时候，这种行为会表现得尤为明显。他认为任何人都不应该超越他，因此，无论是提升自己的价值还是贬损他人的价值，对他来说都无关紧要。当对权力的渴望变得非常强烈时，他们就会表现得充满恶意、心怀报复。这些孩子总是表现出一种好斗和挑衅的态度。这种态度会在他们的外表上表现出来，他们目露凶光，突然爆发愤怒，随时准备与假想的敌人战斗。对于追求卓越的孩子来说，参加考试是一种令他们感到极其痛苦的处境，因为这样一来，他们没有价值的真相就很容易暴露出来。

这一事实表明，我们有必要根据儿童的特点来调整测试内容。对每个孩子来说，考试的意义并不相同。我们经常会发现，对一些孩子来说，考试是一件非常繁重的事情，他们会脸红、脸色苍白，开始结巴和颤抖，因羞愧和恐惧而失去勇气，大脑变得一片空白。有些人只能和其他人得出一致的回答，否则根本无法给出答案，因为他们会怀疑自己正在被监视。这种对优越感的渴望也会在游戏中表现出来。这方面强烈的优越感，会使这些孩子在其他人扮演车夫时，自己拒绝扮演马的角色。他总是想自己当司机，也总是试图去领导和指挥别人。但是，当过去的经验阻止他扮演这样的角色时，他就会满足于干扰别人的游戏。如果他被无数次的失败进一步打击，他的雄心壮志就会受挫，面对任何新的情况他都会退缩，而不是继续前进。

那些雄心勃勃的孩子，在还没有受到鼓励时，他们会表现出对各种竞技游戏的兴趣，一旦失败，他们也同样会表现出惊愕。自我主张欲望的程度和方向，通常可以从人们喜爱的游戏、故事、历史人物和人中推断出来。在成年人的例子中，我们经常发现对拿破仑的崇拜，他非常适合作为雄心勃勃的人的榜样。白日梦中的妄自尊大是一种强烈的自卑感的标志，这种自卑感刺激失望的人在现实之外的感觉中寻求满足和陶醉。类似的事情经常发生在梦中。

观察孩子们在追求优越感的过程中所采取的不同方向，会发现差异变得很明显，我们可以将其分为不同的类型。我们不能保证这种类型划分是准确的，因为变化非常多，且主要是由孩子对自己的信心程度所决定的。发展没有受到阻碍的儿童将这种追求优越感的努力引导到有用的成就渠道中，他们试图取悦老师，保持秩序，发展成为模范生。然而，经验告诉我们，这种情况并不占多数。

还有一些孩子想要超越他人，他们在努力超越他人的过程中表现出令人难以置信的强度。在这种努力中，经常会伴随着一种夸大的雄心，这种雄心很容易被忽视，因为我们习惯于将雄心视为一种美德，并鼓励孩子进一步努力。但这通常是错误的，因为孩子的发展受到了太多雄心的折磨。膨胀的雄心会产生一种紧张的状态，孩子可以承受一段时间，但不可避免地会有迹象表明这种紧张变得太大了(以至于不能承受)。孩子可能会花太多的时间在家里看书，他的其他活动就会受到影响。这类孩子经常避开与学习不相关的问题，仅仅因为他们渴望在学校取得领先。我们不能完全满足于这样的发展，因为在这种情况下，孩子的身心都无法茁壮成长。

一个孩子安排自己的生活，以使自己超越所有其他孩子，这并不是正常成长的最适合的方式。到了一定的时候，必须告诉他不要花太多的时间读书，要到户外去，要和朋友们玩，要用其他的东西充实自己。尽管这类儿童不是大多数，但他们经常出现。

此外，经常发生的情况是，一个班级中有两个学生，他们之间存在着心照不宣的竞争。有机会仔细观察的人会发现，这些相互竞争的孩子有时会发展出一些不是特别讨人喜欢的特质。他们变得很嫉妒，这些品质当然不属于独立、和谐的人格。他们对其他孩子的成功感到恼火。当其他孩子取得进步时，他们就开始出现神经性头痛、胃痛等症状。当另一个孩子受到表扬时，他们会退缩到一边，当然他们永远也无法称赞别人。这是一种嫉妒的表现，它并没有给夸大的野心带来什么好处。

这样的孩子和同伴们相处得不好。他们想在所有事情上起主导作用，不愿意让自己服从于活动的整体组织。结果是，他们不喜欢和同学们一起玩，对同学们的态度表现得很傲慢。与同学们的每一次接触对他们来说都是不愉快的，越是如此，他们越认为自己的处境是不安全的。这些孩子对自己的成功没有把握，当他们感到自己处于一种不安全的环境中时，很容易感到紧张不安。他们被别人对他们的期望和自己对自己的期望压得喘不过气来。

这些家庭对这些孩子的期望，孩子们自己也能深切地感受到。他们带着兴奋和紧张的心情去完成摆在他们面前的每一项任务，因为他们眼前总有超越他人、成为一束“闪亮的光”的愿景。他们感受到了寄托在他们身上的希望的重量，而且只有在环境有利的情况下，他们才能承担这种重量。

如果人类有幸拥有绝对的真理，并且能够找到一个完美的方法，让孩子们摆脱这样的困难，那么可能就不会再有行为问题的孩子。但是，我们没有这样一种方法，而且儿童学习的条件也不可能是理想的。显然，这些儿童焦虑的期望是一件非常危险的事情。他们将面临一个困难，即他们要面对与那些没有背负这种不健康的野心的孩子截然不同的情感。我们所说的困难是指不可避免的困难。要防止孩子遇到困难是不可能的，而且是永远都不可能的。一个原因是，我们的方法需要进一步发展，我们的方法并不适合每个孩子，而且我们正在不断寻求方法上的改进。另一个原因是，孩子们对自己的信心被夸大的雄心壮志削弱了，他们没有克服困难所必需的勇气。

雄心勃勃的孩子只关心最终的结果，那就是他们的成功得到认可。如果没有认可，成功本身并不令人感到满足。我们知道，在许多情况下，对于一个孩子来说，当困难出现时，保持心理平衡比试图立即克服这些困难更为重要。一个被迫走上如此雄心勃勃的道路的孩子并不知道这一点，他觉得没有别人的赞赏，自己是不可能生活下去的。结果，许多人都依赖于他人的意见。

在价值观问题上，保持平衡是多么重要，这一点通过那些带着器官自卑来到这个世界上的儿童的例子得到了证明。这样的例子很常见。许多孩子左脑比右脑发育得更好，这是一个通常不为人知的事实。在崇尚右手文明的文化中，左利手儿童会遇到很多困难。有必要使用某些方法，来确定一个孩子是左利手还是右利手。我们几乎无一例外地发现，左利手儿童在书写、阅读和绘画方面都存在困难，而且他们的手通常都很笨拙。要想知道一个孩子是天生的右利手还是左利手，有一个简单但不完全确定的方法，就是让孩子自然地交叉双手，左利手儿童通常会使左手拇指位于右手上方。看到有那么多人天生就是左利手却从未意识到这一点，真是令人震惊。

当我们调查大量左利手儿童的历史时，我们发现了以下事实：这些儿童通常被认为是笨拙的（这在我们用右手安排事物时并不奇怪）。要理解这种情况，我们只需想想，当我们习惯了靠右通行的交通时，在一个车辆靠左通行的城镇里（例如英国或阿根廷）试图横穿马路是多么令人困惑。在一个其他孩子都是右利手的家庭里，左利手的孩子会发现自己的处境更糟。他的左利手习惯对家庭和自己都有影响。当他在学校学习写作时，他会发现自己低于平均水平。由于不了解原因，他成绩不好，经常受到责骂和惩罚。他无法解释自己的处境，只能相信自己在某些方面不如其他人。他会有一种受到限制的感觉，一种自己在某些方面不如别人的感觉，或者一种无法与他人竞争的感觉。由于他在家里也因为自己的笨拙而受到责骂，他会认为那只是证明了他的自卑。

当然，孩子们并不需要认为这是最终的失败，但有许多孩子在这种令人沮丧的情况下放弃了斗争。由于他们不了解实际情况，也没有人向他们解释如何克服困难，他们很难继续奋斗下去。因为这个原因，许多人的笔迹难以辨认，因为他们从未充分训练过他们的右手。事实证明，这个障碍是可以克服的，左利手的人中诞生过最优秀的艺术家和画家，也诞生过最好的篆刻师。尽管这些人天生就有左利手的习惯，但他们通过训练已经发展出了使用右手的能力。

有一种迷信认为，所有受过右手训练的左利手儿童都会有口吃。这种迷信的原因是，这些孩子遇到的困难有时是如此之大，以至于他们可能会失去说话的勇气。这也是为什么在那些表现出其他形式的挫折（如精神疾病、自杀、罪犯、乖僻等）的人中，左利手的人的数量如此之多。另外，人们经常会发现，那些克服了左利手习惯的人在生活中取得了很高的地位，而这种情况通常出现在有艺术氛围的领域。

无论左利手这个单一特征看起来多么微不足道，它仍然教会了我们一些非常重要的东西：即在我们把一个孩子的勇气和毅力发挥到一定程度之前，我们无法确定他的能力如何。当我们吓唬孩子们，夺走他们对美好未来的希望时，我们可能仍然会认为他们有能力继续生活下去。但如果我们增加他们的勇气，这些孩子们将能够完成更多的事情。

雄心勃勃的孩子处境会很糟糕，因为人们习惯于根据他们的成功来判断他们，而不是根据他们面对的困难和与困难做斗争的过程来判断他们。在我们目前的文明形式中，人们习惯于更多地关注可见的成功，而不是彻底的教育。我们知道，不费吹灰之力就能获得的成功是多么易逝。因此，把孩子培养成有雄心壮志的人是没有好处的，更重要的是要训练他的勇气、毅力和自信，让他认识到失败不应气馁，而应作为一个新的问题加以解决。如果老师能够识别出孩子的努力在什么时候似乎是徒劳的，以及这个孩子是否一开始就做出了足够的努力，那么这当然就会容易得多。

因此，我们看到，追求优越感可以通过一种性格特征来表达，比如雄心壮志。有一些孩子，他们对优越感的追求最初是以雄心壮志的形式表现出来的，但他们现在放弃了这种雄心壮志，认为这是不可能实现的，因为另一个孩子已经遥遥领先了。一方面，许多教师遵循这样的做法，对那些没有表现出足够抱负的孩子非常严厉，或者给他们很差的分数，以激发他们潜藏的抱负。如果这些孩子还有些勇气，这种方法偶尔是会成功的。但是，不建议将此方法推而广之。在研究中，这些已经接近危险线的儿童会变得非常困惑，并被这样的做法推向明显的愚蠢状态。

另一方面，我们常常惊讶于孩子在被温柔、细心和理解地对待后所表现出来的出人意料的智力和能力。的确，以这种方式改变的孩子往往表现出更大的雄心。这仅仅是因为他们害怕回到以往的状态中。他们过去的生活方式和过去缺乏的成就感，就像警告信号一样，不断地激励着他们前进。在后来的生活中，他们中的许多人表现得像被魔鬼附身一样；他们日夜忙碌，不断受到过度工作的影响，并且认为自己做得永远不够。

当我们牢记个体心理学的主导思想，即每个个体（儿童和成年人）的个性都是一个统一的整体，并且总是按照个体逐渐建立起来的行为模式来表达自己时，这一切就变得更加清楚了。脱离一个人的个性来判断他的行为是错误的，因为一个具体的、单一的行为可以有多种方式来解释。当我们理解了特定的行为或姿态时，判断中的不确定性就会立刻消失，例如，迟到——这是孩子对学校给他安排的任务的不可避免的回应。这意味着他宁愿与学校没有任何关系，因此，他不会费心去满足学校的要求。事实上，为了不遵守这些规定，他竭尽所能。

从这个角度，我们可以看到“坏”学生的全貌。我们看到，当追求优越感的努力不是表现在接受学校教育，而是表现在拒绝学校教育时，所发生的悲剧。一系列典型的行为症状出现了，并且这些症状逐渐接近不可救药。这些孩子可能会变成宫廷小丑那样的人。他经常搞恶作剧逗别人笑，别的什么也不做。或者他可能会惹恼他的伙伴们。或者他可能会逃学，并与不好的同伴交往。

因此，我们看到，不仅学生的命运掌握在我们手中，学生个人的未来发展也掌握在我们手中。学校提供的教育和培训在很大程度上决定了个人的未来生活。学校处于家庭和社会生活之间，它有机会纠正孩子在家庭教养下形成的错误生活方式，它有责任为孩子适应社会生活做好准备，并确保孩子在社会中和谐地发挥其个人作用。

当从历史的角度看待学校的作用时，我们会发现学校总是试图根据当时的社会理想来培养个人。它先后是贵族的、宗教的、资产阶级的和民主的学校，它总是按照时代和统治者的要求来教育孩子。今天，根据不断变化的社会理想，学校也必须随之做出改变。因此，如果今天理想的成年人是以独立、自控和勇敢的男人或女人为代表，那么学校就必须规范自己，以便培养出接近这种理想的个人。

换言之，学校本身不能将自己视为目的，必须记住，个人必须为社会而不是为学校而接受训练。因此，它不能忽视那些已经放弃在学校做模范孩子的理想的孩子。这些孩子对优越感的追求并不一定会少。他们可以把注意力转移到其他事情上，在这些事情上他们不需要使自己紧张，而且他们相信，无论对错，他们在这方面的成功更容易实现。这可能是由于他们在早年无意识地训练自己从事其他活动。因此，他们可能不会成为杰出的数学家，但他们可能会在体育方面脱颖而出。教育者不应该忽视任何这样的突出成就，而应该把它作为一个出发点，鼓励孩子在其他领域取得进步。当教育者从一项令人鼓舞的成就着手，并利用它让孩子相信他在其他方面也能同样成功时，他的任务就容易多了。它仿佛是在引导孩子从一片肥沃的牧场走向另一片肥沃的牧场。因为除了那些低能的孩子，其他孩子都有能力成功地完成学业，所以需要克服的只是人为设置的障碍。这种障碍源于将比较抽象的学校表现，而不是最终的教育和社会目标，作为教育的基础。对孩子来说，这种障碍反映在缺乏自信上。其结果是，儿童对优越感的追求可能导致有益活动的中断，因为这种追求没有找到适当的表达方式。

在这种情况下孩子会做什么？他想到了一种逃跑的办法。我们常常会发现孩子表现出了某种特殊性，这种特殊性实际上并没有得到老师的赞扬，但却可能会引起老师的注意，或者可能只是引起其他孩子对他那种无礼或固执的羡慕。这样一个孩子，面对他所制造的混乱，他常常把自己看作一个英雄、一个小巨人。

这种心理表现和行为偏差是在学校的实验过程中产生的。它们的起源不能完全追溯到学校，尽管它们是在学校里浮出水面的。从消极意义上来说，学校除了积极的教育和矫正任务外，还是揭示早期家庭教育缺陷的实验站。

一个好的、细心的老师，在孩子上学的第一天就能看出很多东西。对许多孩子来说，新的环境（学校）对他们来说是最痛苦和最不愉快的，他们一下子就表现出了一个娇生惯养的孩子的所有迹象。这样的孩子没有与他人接触的经验，而在新环境下结交朋友对他而言是至关重要的。孩子最好能够带着一些如何与他人建立联系的知识到学校去。他不能依赖一个人而排斥其他所有人。家庭教养的错误必须在学校得到纠正，当然，如果他能在学校或多或少地摆脱这样的错误就更好了。

一个在家里被溺爱的孩子，不可能一下子就能在学校集中精力学习。这样的孩子难以专心学习。他将表现出留在家里而不是去上学的愿望——事实上，他并没有“学校意识”。这种厌恶上学的迹象很容易察觉。因此，父母不得不哄着孩子早上起床，必须不断地敦促孩子做这个或做那个，发现孩子吃早饭很磨蹭，等等。似乎这样一个孩子制造了一道不可逾越的障碍，这阻止了他的进步。

这种情况的治疗方法和补救方法与左利手的治疗方法是一样的：我们必须给这些孩子时间学习，不能在他们上学迟到时惩罚他们，因为这只会增加他们在学校的不快乐感。孩子们会认为这样的惩罚是对自己不属于学校的感觉的证实。当父母通过打孩子以迫使他上学时，孩子不仅不想上学，而且还会想方设法让自己的处境变得更容易忍受。当然，这些只是逃避的手段，而不是真正解决困难的手段。

孩子对学校的厌恶，处理学校问题的无能，会在他的每一个手势和每一个动作中表现出来。他永远不会把他的书放在一起，而且总是忘记或丢失它们。当一个孩子养成忘带书和丢书的习惯时，我们可以肯定他和学校的关系不是很好。

在对这些孩子的调查中，我们几乎总是发现，他们在学校里不可能取得任何程度的成功。这种自我低估并不完全是他们自己的错。环境促使他们朝着这个错误的方向前进。在家庭里，一个愤怒的孩子被预言了一个黑暗的未来，或者他们被认为是愚蠢的或毫无价值的。当这些孩子在学校里发现这些指责似乎得到了证实时，他们缺乏判断力和分析能力来纠正他人对自己的误解（他们的长辈也常常缺乏这种能力）。因此，他们甚至在尝试战斗之前就放弃了战斗，他们认为失败本身就是一个不可逾越的障碍，并证实了他们的无能或自卑。

因为情况通常是这样的，一旦犯了错误，纠正错误的可能性就很小，而且这些孩子尽管表面上努力进取，但他们通常还是很落后，因此他们很快就放弃了努力，转而寻找借口逃学。缺课，也就是逃学，是最危险的症状之一。它被认为是最严重的问题之一，而且惩罚通常是很严厉的。于是，孩子们相信自己不得不变得狡诈，并做虚假的陈述以寻求庇护。仍然有一些途径会导致他们进一步犯错。他们可以在家里伪造笔记，伪造成绩单。他们可以在家里编造一张谎言网，谎报他们在学校应该做的一切，而他们实际上已经有一段时间没有去学校上学了。他们还必须在上课时间找个地方躲起来。毫无疑问，他们通常会在这些隐蔽的地方找到其他已经踏上这条路的孩子。然而，孩子们在逃学之后，追求优越感的努力仍然得不到满足。这促使他们采取进一步的行动，也就是说，违反法律。他们越走越远，最终导致了全面的犯罪行为。他们组成帮派，开始偷窃，接触性爱，他们觉得自己已经长大了。

他们已经迈出了很大的一步，现在他们要为自己的野心寻找更多的补给。由于他们的行为没有被发现，他们觉得自己可以犯下更多更狡猾的罪行。这就解释了为什么这么多孩子不愿放弃犯罪生活。他们想在这条路上走得更远，因为他们相信自己永远无法在任何其他领域取得成功。他们排除了一切可能激励他们进行有益活动的因素。他们的野心不断受到同伴行为的刺激，这驱使他们采取新的亲社会或反社会行为。通常一个有犯罪倾向的孩子同时又会极端自负。这种自负与野心有着相同的来源，它迫使孩子不断地以某种方式使自己与众不同。当他不能在生活有用的方面为自己找到一席之地时，他就会转向无用的一面。

有一个案子是一个男孩杀了他的老师。如果我们仔细查看这个病例，就会在这个男孩身上找到前面提到的所有特征。这个男孩在一位家庭女教师的指导下长大，他受到了女教师虽然细心但是过于紧张的照料。这位家庭女教师认为自己对男孩精神生活的表现了如指掌。这个男孩对自己失去了信心，因为他的野心从一种很夸张的状态转变成了很虚无的状态，也就是说，变成了彻底的失望。生活和学习都没有满足他的期望，所以他转而去做违法的事。由于违法，他摆脱了教育家和儿童指导专家的控制，因为那时的社会还没有将青少年罪犯的问题视为教育问题，也没有一套通过纠正心理错误来改善这一问题的治疗方法。

有一个奇怪的事实，任何一个从事教育的人都很熟悉，那就是在教师、牧师、医生和律师的家庭中，我们经常能看到任性的孩子。这不仅适用于专业地位不高的教育者家庭，也适用于那些专业地位很高的教育者家庭。尽管他们拥有专业权威，但他们似乎无法为自己的家庭带来和平与秩序。对此的解释是，在所有这些家庭中，某些重要的观点要么被完全忽视，要么没有被理解。例如，部分困难来自于严格的规则，而这些规则是作为教育者的父母，用他自认为的权威，试图强加于他的家庭的。他对他的孩子们太严厉了。他的所作所为经常威胁到他们的独立性，甚至经常剥夺他们的独立性。他在他们心中似乎激起了一种情绪，迫使他们对这种状况进行报复，这种情绪已经深深地根植在他们的记忆中。此外，还必须记住，刻意的教学方法会导致异常敏锐的观察。在大多数情况下，这是一个很大的优势，但就自己的孩子而言，这往往会使孩子们想要不断地成为关注的焦点。他们将自己视为一个展示实验，而把别人看作是负责和做决定的一方。这些负责和做决定的人必须克服所有的困难，而孩子们自己却感到没有任何责任。

第3章

引导儿童追求优越感

我们已经看到，每个孩子都在为优越感而奋斗。父母或教育者必须做的是将这种努力引导到一个富有成效和有用的方向上去，并确保这种努力能带来心理健康和幸福，而不是神经官能症和紊乱。

如何做到这一点？在追求卓越的努力中区分有用和无用的依据是什么？答案是，社会价值。我们很难想象任何一种成就、任何人们做过的有价值的东西会与社会没有任何联系。如果回想一下那些在我们看来非常宏伟的、崇高的和宝贵的伟大事迹，我们就会看到，这些事迹不仅对做出这些事的人有价值，而且对整个社会而言都是宝贵的。因此，我们对儿童的教育必须使儿童能够体会到社会感，或者说意识到自己与社会的联结感。

不理解社会感概念的儿童会成为问题儿童。所谓的问题儿童，就是他们对优越感的追求没有转向一个有用的方向。

的确，人们对于什么是对社会有用的存在着广泛的意见分歧。然而，有一件事是肯定的：我们可以根据果实来判断一棵树怎么样。任何特定行为的结果都表明了它对社会是有用的还是无用的。这也意味着，我们必须考虑到某一行为所花费的时间和所带来的影响。最终，这些行为必须符合现实的逻辑，而这种与现实逻辑相符的程度则表明了该行为与整个社会需求的关联程度。事物的普遍性就是我们判断价值的标准，我们迟早会知道，特定的行为与这一标准是相矛盾的还是相符合的。此外，幸运的是，在日常生活中，我们并不总是需要复杂的判断技巧才能判断行为的结果。至于社会运动、政治倾向等，我们无法清楚地预见其影响，因此对其判断还存在争议。然而，不管是在全人类的活动中，还是在个人的生活中，其最终的影响都会表明某些行为是有用的、真实的，还是没用的、虚假的。因为从科学的角度来看，我们不能说任何一种行为对所有人都是好的或有用的，除非它是一个绝对真理，是生活问题的正确解决方案。而据我们所知，生活问题的解决受到地球、宇宙和人类的相互关系的制约。客观世界和人类世界的这些情况就像一个数学问题，它本身就有它的答案，但我们并不总是面对这样的问题。我们只有根据问题的数据进行检验后，才能确定解决方案的正确性。遗憾的是，有时检验解决方案真实性的机会来得太晚，以至于我们没有时间改正错误了。

那些不能从逻辑和客观的角度看待自己生活结构的人，在很大程度上也看不到自己行为模式的连贯性和一致性。当一个问题出现时，他们会感到震惊，但他们不是去解决问题，而是认为自己走错了路，所以才会遇到这些问题。就儿童而言，还应该记住，当他们离开有用的道路而选择无用的道路时，他们无法从消极的经验中吸取积极的教训，因为他们并不理解问题存在的意义。因此，我们有必要教育孩子，不要把生活看成是一连串互不相关的事件，而要把它看成是贯穿生命始终的所有事件的连续线索。任何一件正在发生的事情都不可能从他的整个生活背景中抽离出来，而只能通过与过去发生的一切联系起来进行解释。当儿童理解了这一点，他就能理解为什么他会误入歧途。

在进一步讨论追求卓越的正确方向和错误方向之间的区别之前，我们最好先讨论一下这种似乎与我们的一般理论相矛盾的行为方式。其中一种行为表现是懒惰，从表面上看，它似乎与所有孩子天生都有追求优越感的观点相矛盾。事实上，一个懒惰的孩子受到的指责大多是斥责他没有追求卓越的野心。但是，如果我们更仔细地考察一下懒惰的孩子的情况，就会发现这样的看法是多么错误。懒惰的孩子实际上拥有某些优势。他不必承受别人对自己的期望，因而当他没有取得那么多成就时，他可以在一定程度上原谅自己。因为他没有努力，我们往往认为他的态度既马虎又懒散。然而，由于他的懒惰，他经常成功地把自己推到聚光灯下，因为他的父母发现自己有必要把时间投注在他身上。当我们考虑到有多少孩子不惜任何代价想要在父母的视野中占有一席之地时，那么就可以理解为什么有些孩子会通过懒惰来让自己引人注目。

然而，这并不是懒惰的一个完整的心理学解释。有很多儿童会用懒惰的态度来缓解自己的处境。比如，他们总是将自己明显的无能和缺乏成就归因于懒惰。人们很少听到有人指责他们无能，相反，他们的家人通常会说："如果他不懒惰，他有什么做不到的呢？"因而，儿童会对自己感到满意，他们认识到，只要他们不懒惰，他们就能完成任何事情。对于那些缺乏信心的孩子来说，这是一种自我安慰。它是成功的替代品，不仅对儿童来说是如此，对成年人来说也是如此。这个错误的"如果"假设，即"如果我不懒惰，有什么事我干不成呢？"，可以平息他们失败的感觉。当这些孩子真的做了什么事情时，小小的举动在他们眼中也会显得格外的美好。一个微不足道的成就与他们之前的缺乏成就形成了鲜明的对比，他们因此而得到了表扬。而其他总是积极的孩子，即便取得了更大的成就，得到的认可也很少。

因此，我们可以看到，懒惰中隐藏着一种大家无法理解的手段。懒惰的孩子就像在安全网上走钢丝的人，他们会轻轻地倒下。对懒惰孩子的批评比对其他孩子的批评更温和，对他们的侮辱也更少一些。被人说懒惰比被人说无能要痛苦少一些。简而言之，懒惰充当了一个屏障，掩盖了儿童对自己自信的缺乏，但也阻止了他去尝试解决他所面临的问题。

如果细想一下当前的教育方法，我们就会发现它们刚好符合懒惰孩子的愿望。人们越是责备一个懒惰的孩子，他就越接近他的目标。因为人们的注意力被他的懒惰占据，从而减少了对他能力的关注，而这正是他想要的。那些认为惩罚孩子就能治好他的懒惰的老师总是以失败而告终。即使最严厉的惩罚，也不能使懒惰的孩子变勤奋。

如果这个时候转变发生了，例如，懒惰的孩子获得了意想不到的成功，这通常是由环境的变化引起的。或者，当他从一个严格的老师那里转到一个更加温和的老师那里，新老师理解这个孩子，认真地与他交谈，给他新的勇气，而不是削弱他仅剩的勇气，这时转变也会发生。在这种情况下，孩子从懒惰到勤奋的转变有时是非常出乎意料的。因此，我们会遇到在入学头几年比较落后的孩子，当他们来到一所新学校时，由于学校环境的变化而表现出异乎寻常的勤奋。

有些孩子不以懒惰来逃避，而是以生病来逃避有益的活动。还有一些孩子在考试时显得异常兴奋，因为他们觉得如果他们表现出神经紧张，考官会对他们有所照顾。哭的孩子也有同样的心理倾向：哭泣和兴奋，都是为了获得特权。

同样，在班级里，还有一些孩子会跟这些孩子一样得到特殊照顾，他们往往有某些缺陷，比如口吃的孩子。那些经常和小孩子打交道的人会注意到，几乎所有的孩子在开始学说话时都会表现出轻微的口吃倾向。我们知道，语言发展的快慢受许多因素的影响，主要是受社会兴趣程度的影响。在学习语言时，那些对社会有兴趣的孩子，那些想要和同伴进行交流的孩子，将会比那些回避他人的孩子更快更轻松。在某些情况下，孩子甚至不需要说话，例如，当一个孩子得到了充分的保护甚至纵容，以至于在他有机会说出自己的愿望前，家长就觉察并满足了这些愿望（对于听障儿童而言，这种做法是很有必要的）。

如果孩子四五岁之前还学不会说话，他们的父母就会开始害怕孩子是听障儿童。但他们很快就发现孩子的听力很好，这当然就排除了听障儿童的假设。而人们观察到，他们实际上生活在一个不需要语言的环境中。当每件东西都被“放在盘子上”递给孩子时，就像我们所说的，孩子就没有说话的冲动，那么这个孩子就会在很晚的时候才学会说话。言语是孩子追求优越感和发展方向的重要标志。他说话一定是为了表达他的优越感，无论这种表达是通过他的话语给他的家庭带来欢乐，还是通过他的话语帮助他满足自己的日常需要。当这两种形式的表达都无法实现时，我们就可以很自然地预见到这个孩子语言发展方面的困难。

有些儿童还有其他的语言障碍，如某些辅音发音困难，如 r、k 和 s。这些都是可以治愈的。值得注意的是，为何有这么多的成年人口吃、口齿不清或吐字模糊？

大多数孩子长大后口吃会消失，只有一小部分需要得到治疗。我们可以用一个 13 岁男孩的例子来呈现治疗过程所涉及的内容。当这个男孩 6 岁的时候，医生开始治疗他，治疗持续了一年，但没有成功。接下来的一年，他没有寻求专业的帮助。又过了一年，他找了另一位医生，但治疗再次失败。第四年他什么也没做。到了第五年的头两个月，医生把他托付给了一位语言专家，结果他的病情更加恶化了。一段时间后，他被送到一个专门研究语言缺陷的研究所，治疗持续了两个月，当时很成功，但 6 个月后他又旧病复发了。

接下来的八个月，他又在另一位语言专家那里接受治疗。这一次，他的口吃非但没有任何改善，反而逐渐恶化了。他又试了一位医生，但还是没有成功。第二年夏天他的口吃有所好转，但在假期结束时，他又恢复到了以前的情况。

男孩大部分的治疗包括大声朗读、缓慢说话、反复练习等。显然，某些形式的刺激会让他的口吃得到暂时的改善，但随后又会复发。这个男孩没有器官上的缺陷，尽管在他还是个小孩子的时候，曾从二楼摔下来，得了脑震荡。

这个男孩的老师已经认识他一年了，他形容他是一个“有教养、勤奋的孩子，很容易脸红，还有点暴躁。”他说，法语和地理对这个男孩来说是最难的科目。考试的时候，他特别容易激动。由于他的特殊爱好，老师注意到他喜欢体操和体育运动，还喜欢技术性的工作。这个男孩在任何方面都没有展现出领袖的特质，但他和同学们相处得很好，偶尔和弟弟吵架。他是左利手，一年前，他的右脸因中风而面瘫了。

再来看看他的家庭环境，他的父亲是一个商人。当孩子口吃的时候，他会感到非常焦虑，并且经常严厉地责骂儿子。尽管如此，这个男孩还是更怕他的妈妈。妈妈在家里给他安排了家庭教师，因此他很少出门。他很怀念自由的时光。他也认为他的母亲不公平，因为她更偏爱弟弟。

根据这些事实，我们可以做出如下解释：这个男孩非常容易脸红，一旦他必须与人进行社会接触，他的紧张情绪就会加剧。可以说，这种紧张情绪与他的口吃有关。即便是一个他喜欢的老师，也不能成功地治愈他的口吃，因为这种口吃已经机械化地进入他的身体系统，表达着他对别人普遍的不喜欢。

我们知道，口吃的原因并不在于外部环境，而在于口吃者感知环境的方式。他的易怒在心理意义上是很重要的。他不是一个被动的孩子。他在易怒中表现出努力获得认可和优越感的需要，就像大多数天性软弱的人所做的那样。他缺乏勇气的另一个证明是，他只与比他更小的男孩吵架。他在考试前的激动，表明了他的紧张感在增加，担心自己会失败，并且感觉自己不像别人那样有能力。他有强烈的自卑感，这种自卑感把他对优越感的追求引向了无用的方向。

由于家里的环境不像学校那样舒适，因此这个男孩很乐意去上学。在家里，弟弟占据了家人视野的中心。他口吃的原因不可能是身体上的创伤或者内心的恐惧，但这两者也的确有可能使他丧失了勇气。相比之下，他的弟弟在家庭中把他推到家庭地位的边缘，可能对他产生了更大的影响。

同样值得注意的是，这个男孩直到8岁还一直尿床。这种症状主要出现在那些最初被宠坏、娇生惯养，后来却被“赶下台”的孩子身上。尿床是一个明显的迹象，表明他为了吸引母亲的注意，晚上还在努力。在这个案例里，尿床是一个信号，表明这个孩子无法忍受独处。

我们可以通过鼓励并教他如何独立来治愈自己。我们给他布置的任务必须是他能完成的，通过完成任务，他能增加对自己的信心。男孩承认弟弟的到来对他而言很不友好，现在我们要让他明白，他的嫉妒是如何使他的努力朝一个错误的方向转变。

很多与口吃相关的症状需要得到说明。因此，我们想知道口吃者在激动的状态下发生了什么。许多口吃者在生气的时候可以很顺畅地骂人，而看不出任何结巴的痕迹。同样地，年纪较大的口吃者在朗诵或者恋爱的时候也经常表现得很完美。这些事实表明，口吃的决定因素在于他们与他人的关系。当他们必须面对别人时，就是一个决定性的时刻。当在自己和他人之间建立一种联系时，或者当自己必须通过语言来表达时，孩子就会紧张起来。

当一个孩子学习说话没有遇到特别大的困难时，没有人会注意他说话方面的进展。但是，当一个孩子表现出困难时，家里就不会再关注其他的事情，而口吃就成了家人关注的焦点。这样的家庭会把自己的全部精力都放在这个口吃的孩子身上，结果使得这个孩子也过度关注自己的说话能力。他开始有意识地控制自己的表达，而这是说话正常的孩子不会去做的。我们知道，有意识地控制那些原本自动运行的器官的功能，会导致这些功能受到限制。梅林克（Meyrink）在他的童话故事《蟾蜍的飞行》（*The Flight of the Toad*）中给出了一个很好的例子。蟾蜍遇到一只千足虫，马上开始赞扬它有多么了不起。“你能告诉我，”蟾蜍问，“在你的一千条腿中，你先移动哪一条，然后再以什么顺序移动其他九百九十九条腿吗？”千足虫开始思考，并开始观察它的腿是如何运动的。当它试图控制这些腿的时候，它变得很困惑，竟连一条腿都移动不了了。

对我们的生活历程有意识地加以控制固然非常重要，但试图控制每个单一的行为却是有害的。只有当我们能将生产艺术作品所必需的那些动作自动化时，我们才能生产出艺术作品来。

尽管口吃的习惯会给孩子未来的发展带来灾难性的影响，尽管在养育孩子的过程中口吃还伴随着很多明显的缺点（家人对孩子的同情心和特别关注），但仍然有许多人找借口回避它，而不是努力改善这种情况。父母和孩子都可能会这么做，因为他们都可能对未来没有信心。这样的孩子尤其会满足于依赖别人，用看似处于劣势的方式维持着自己的优势。

显而易见的劣势是如何转化为优势的呢？我们可以从巴尔扎克写的小说中得到启发。这个小说讲述了两个商人，他们在一次交易中都想占对方的便宜。当他们这样讨价还价的时候，其中一个人开始结巴了。另一个人非常惊讶地发现，因为口吃，对方赢得了足够的时间，可以在表达自己的观点之前进行充分的思考。于是，他迅速开始寻找方法反击，突然之间，他便说自己什么都听不见了。于是，那个口吃的人又处于了不利的位置，因为他必须竭力使另一个人听到他说的话。于是，他们之间又重新回到了平等的关系。

即使口吃者有时会利用这种方式来为自己赢得时间或让别人等待，我们也不应该把他们当作罪犯那样来对待。口吃的孩子应该得到鼓励，并被温和地对待。只有通过友好的启蒙，通过增加孩子的勇气，我们才能成功地治愈他们的口吃。

第4章 儿童的自卑情结

每个人都会追求优越感，同时在内心存在着自卑感。我们追求卓越是因为我们感到自卑，而成功带来的优越感可以克服我们的自卑感。然而，除非追求成功的努力过程受到了阻碍，除非我们对器官缺陷的心理反应大到使得自卑情绪变得无法忍受，否则，自卑感在心理方面并不会显得很重要。在那样的情况下，我们就会产生自卑情结——一种异常的自卑情绪。这种情绪必然会寻求轻松可得的补偿和似是而非的满足，同时又会通过夸大障碍、减少勇气的方式阻碍一个人的成功之路。

在这方面，让我们再来研究一下那个口吃的 13 岁男孩的情况。正如我们所看到的，他的沮丧气馁是他持续口吃的部分原因，而口吃又反过来增加了他的沮丧感。我们看到，神经质的自卑情结在这里形成了一个恶性循环。这个男孩想要把自己藏起来。他已经放弃了希望，甚至可能有过自杀的念头。这个男孩的口吃已经成为他的生活方式的一种表达和延续。他的口吃给他周围的人留下了深刻的印象，使他成为人们关注的中心，从而减轻了他的心理压力。

这个男孩给自己设定了一个无法企及的错误目标，即让自己在世间有所成就。他总是在追求声望，因此他必须展现出自己脾气很好，能够与他人和谐相处，并把自己的工作安排得井然有序。除此以外，最重要的是，他感到当他遭遇失败时必须要有一个可以得到谅解的理由，这个理由就是他的口吃。如此一来，这个男孩的案例就显得更加突出了，因为在很大程度上，他的生活都是朝向有用的方向，只是在其中某个阶段，他的判断力和勇气衰减了。

当失去勇气的孩子不相信自己能够凭借自己的能力取得成功时，他会使用无数方式来应对，口吃只是其中的一种。这些失去勇气的孩子使用的应对手段与大自然赐予动物自我保护的手段类似——比如爪子和角。我们可以很容易看出，这些应对手段的出现都源自这些孩子的脆弱，以及当他们没有这些外在工具帮忙时，担心自己能否应对生活的那种绝望感。有这么多工具可以用来作为应对手段，这是值得注意的。有些儿童没有其他办法，只有不能控制大小便这一点。这表明他们不想离开婴儿期，因为在这个阶段，一个人不需要努力，也不用遭受痛苦便能生活下去。这类儿童的肠道和膀胱很少有生理缺陷，他们只是把这件事情当作博得父母或老师同情的手段，尽管有些时候这样的把戏会招来同伴的嘲笑。因此，这样的临床表现不应被视为某种疾病，而应被视为一种自卑情结的表达，或一种危险的追求优越感的表达。

我们可以想象口吃是如何从一个非常小的生理问题发展而来的。这个男孩在很长时间内都是家里唯一的孩子，母亲也总是关注着他。当他长大后，他可能觉得自己没有得到足够的关注，他的表达也受到了限制，所以他想出了一个新的花招以吸引人们对他的注意。口吃呈现出一种更大的意义：他注意到，与他说话的人会盯着他的嘴巴看。由于口吃，他能够为自己争取更多的时间和关注，否则父母就把时间和精力都留给弟弟了。

在学校也是如此。他有一个对他投入很多时间的老师。这样一来，由于口吃，他在家里和学校均获得了一种优越的角色。他没有错过任何一个机会来获得他所渴望的好学生们所享有的声望。他无疑是个好学生，但主要是因为在这种情况下，某些事情对他来说变得容易多了。

另外，尽管口吃使得老师对他特别宽容，但这种方法并不值得借鉴。当这个男孩得不到他认为应该得到的关注时，他受到的伤害会比其他孩子大得多。随着弟弟来到这个家庭，这种获得关注的做法实际上成了一个令人头疼的问题。与普通孩子不同，他从未培养出与人分享自己的兴趣的能力：在他的家庭里，他让母亲成为自己最重要的人，其他人都被他排除在外。

治疗这样的孩子，首先要增加他们的勇气，让他们相信自己的力量和能力。我们以共情的态度与这些孩子建立良好的关系，而不是以严厉的方式吓唬他们，这是很有价值的，但还远远不够。我们需要用友好的关系来鼓励孩子们，使他们继续取得进步。要做到这一点，只有让他们更加独立，通过各种各样的方式，使他们对自己的精神和身体力量充满信心。他们需要相信，通过自己的勤奋、坚持、实践和勇气，可以取得他们尚未取得的成就。

在对孩子的教育中，最严重的错误是父母或教育者对一个误入歧途的孩子下论断说他会有不好的结局。这样愚蠢的论断会使孩子的情况更糟，因为它增加了孩子的懦弱感。我们应该做相反的事情：用乐观的态度去激励孩子。正如维吉尔（Virgil）所说，“他们获得成功，因为他们认为自己可以成功。”

永远不要相信，我们通过羞辱或奚落一个孩子可以使他的行为真正得到改善，即使有时候我们看到那些害怕被嘲笑的孩子似乎改变了他们的行为。这种羞辱带来的刺激有多不健康，可以从下面的例子来判断。有一个男孩因为不会游泳，经常被他的朋友们取笑。最后，他忍无可忍，从跳水板上一跃，跳进了深水之中。人们费了很大的劲儿才把他救回来。一个面临失去威望的懦夫，可能会通过做一些行为来抵消自己的怯懦感，但往往他们做的事情是不恰当的。正如在这个例子里看到的那样，他们克服最初的懦弱的方式往往是懦弱的、无用的。他不顾一切地跳进水里，并没有治好他的怯懦，反而加剧了他不敢面对事实的懦弱性。

懦弱这种特质总是会破坏人际关系。一个孩子如果总是担忧自己，而不考虑他人，他就会不惜以牺牲他人为代价来获得声望。因此，懦弱带来了一种个人主义的、好斗的态度，这种态度舍弃了社会情感，尽管它并不真的能消除对他人意见的恐惧。懦弱的孩子总是害怕被人嘲笑、忽视和贬低。因此，他的行动总是受到别人观点的影响。他就像一个生活在敌国的人，形成了怀疑、嫉妒和自私的性格特征。

懦弱的孩子常常会变成挑剔和唠叨的人，他们不愿赞美他人，如果别人得到表扬他们就会生气。因此，当他们想要超越他人时，如果不是通过自己取得成就，而是通过贬低他人的方式，这便表明了他们内心的软弱。当识别出儿童有这样一些表现时，教育者不可避免地要通过教育来消除儿童对他人的敌意。当然，那些没有识别出这些表现的教育者，也没人会苛责他，但他永远也不会知道要怎么去纠正这些由敌意带来的孩子的不良性格特征。但是，当我们知道问题的关键就在于使孩子适应世界和生活，并向他呈现他的错误，向他指出他想要的是不通过努力就获得别人的尊重，那么我们就会知道在哪个方面可以帮到孩子。我们知道，我们必须加强孩子们之间应该要有的那种友爱的情感。我们也知道，我们不能因为别人考试得了低分或者做错了什么事而看不起他们。否则，别人就会产生自卑感，就会失去勇气。

如果一个孩子失去了对未来的信心，其结果是他会从现实中退缩，而在生活的无用方面形成一种补偿性的追求。一个教育者最重要的任务，也可以说是他的神圣使命，就是确保没有一个孩子在学校失去勇气，并确保每一个已经失去勇气的孩子在进入学校后，能通过学校和老师的帮助重新获得对自己的信心。这一使命与教育者的职业是相辅相成的，因为除非孩子们对未来充满希望和喜悦，否则教育目标是不可能实现的。

还有一种挫折只是暂时的，尤其容易发生在雄心勃勃的儿童身上。这些儿童尽管取得了进步，但有时也会失去希望，因为他们已经通过了最后一次考试，现在必须转向选择职业了。也有一些雄心勃勃的儿童，如果在考试中没有名列前茅，也会暂时性地放弃努力一段时间。那些在无意中酝酿已久的冲突会突然爆发出来。这种冲突可能会表现为完全的混乱无序，也可能会表现为焦虑性神经症。对于这样的儿童而言，如果他们的沮丧情绪没有得到及时的发现，他们就会总是做一件事而不完成它；当他们长大之后，他们又会频繁地更换工作，从不相信自己做的任何事情会有好的结果，并且总是在担心自己会失败。

因此，儿童的自我评价是最重要的。然而，想要通过询问来知道一个孩子对自己的真实看法是不太可能的。无论我们多有技巧，得到的都是不确定的或者模糊的答复。有些孩子会说，他们认为自己很好；有些孩子会说，他们认为自己一文不值。对后面这种情况的孩子进行调查，我们往往会发现，他们身边的成年人已经对他们说过无数次："你一点用也没有！"或者"你太蠢了！"

听到这么严厉的责备，很少有儿童能不受到伤害。然而，也有一些儿童，他们通过低估自己的能力来保护自己的自尊心。

如果我们询问一个孩子，但他并没有告诉我们他对自己的判断，那么我们也可以通过观察他处理问题的方式来获得答案。例如，他是否直接采取一种自信、果断的态度，或者他是否表现出那些失意的孩子最常见的迹象，即是不是表现得犹豫不决。我们用一个孩子的例子来对此进行说明。一开始，这个孩子勇气十足，但当他越接近问题的解决，他就进展得越慢，甚至步履蹒跚，最后在距离真正解决问题还有一段距离的地方完全停了下来。有时这样的孩子被描述为懒惰，有时被描述为心不在焉。描述可能不同，但结果总是一样的。孩子们并没有像我们期望的那样去解决他们的问题，而是总被各种障碍所阻挠。有时一个孩子的行为会迷惑他的长辈，以至于长辈们会错误地认为他缺乏足够的能力。当我们纵观全局，并用个体心理学的原理阐释它时，就会发现，所有问题都源自儿童缺乏信心，即对自己的低估。

当我们看到一个人在追求一种方向错误的优越感的时候，我们必须记住，一个完全以自我为中心的人在社会上属于异类。人们经常看到一些儿童，由于过分追求优越感，而不为别人考虑。他们是充满敌意的、贪婪自私的、违法犯罪的。如果他们发现一个秘密，他们就会利用这个秘密来伤害别人。

但是，即使在那些行为最容易受到指责的孩子身上，我们也总能发现某种显著的人类特质，即在他们的某些方面，会有人类共有的那种感受。尽管他们的人生计划越是远离与别人合作，我们就越难发现其中的社会情感，但他们的自我与周围世界的关系还是以某种方式暗示或表达了出来。我们应该寻找那些隐藏着的自卑感的表达方式。这样的表达可能不计其数。它们可能就存在于孩子的眼神里。眼睛这个器官不仅可以用来吸收和传导光线，而且还可以用来进行社会交流。一个人看向别人的方式，表明了他想要与别人联系的程度。这就是为什么所有的心理学家和作家都非常强调人类的眼神。我们都是通过别人注视我们的方式来判断别人对我们的看法的，而且我们也会试图从别人的眼神中发现他的内心世界。尽管我们也可能犯错或误读，但从孩子的眼神中判断他是否是一个友好的人还是比较容易的。

众所周知，那些不敢正视大人的孩子容易让人对他们心有疑虑。这些孩子并不总是怀有坏心或者存在不良的性习惯。这种避开目光的举动可能仅仅表明，他不想和人发生联系，不管是不是暂时的。这表明这个孩子试图回避与同伴们的交往。当你叫他过来的时候，他站得离你有多近也是一种暗示。许多这样的孩子都会与你保持一定的距离，他们首先想要弄明白是怎么回事，只有在必要的时候才会接近你。他们对于密切的接触会有一些怀疑，因为他们曾经有过一些不好的经历，并把这些片面的认识泛化了，误用在了其他方面。观察一个孩子倾向于依靠妈妈或老师也是很有趣的。孩子更愿意去依靠的那个人，比他嘴上说最爱的那个人要重要得多。

有些孩子表现出明显的自信和勇气，从他们走路的方式、昂首挺胸的姿态、坚定的声音和无所畏惧的态度就可以看出来。另一些孩子则在对话中表现出退缩，并因而流露出他们内在的自卑感和他们无法应对这种情况的恐惧感。

在研究中我们发现，很多人认为自卑情结是与生俱来的。但我们可以用以下事实来反驳这一观点，即任何一个孩子，无论他多么勇敢，都可以通过后天的作用使他感到害怕和恐惧。如果孩子的父母都很胆怯，那么这个孩子很可能也会很胆怯，但这并不是因为遗传作用，而是因为他是在充满恐惧的环境中长大的。家庭氛围和父母的性格特征是孩子成长过程中最重要的影响因素。那些在学校里独来独往的孩子，往往来自于那些与别人没有联系或联系很少的家庭。在这种情况下，人们自然会倾向于认为这些性格特征是遗传而来的，但这种理论已经被驳斥过了。器官或大脑的任何物理改变都不会导致人们无法与他人接触。然而，有一些实际情况，虽然并不一定会使孩子形成这种态度，但却可以让我们理解为何孩子身上会出现这些特征。

举一个能够使我们从理论上来理解这个问题的最简单的例子。一个出生就有生理缺陷的孩子，他已经生病了一段时间，由于疾病的疼痛和身体的虚弱而感到备受生活的折磨。这样的孩子会非常专注于自己的世界，把外部世界看作是冷酷无情的、充满敌意的。另一个有害因素在这个案例中也起了进一步的推动作用。这个因素就是，一个体质虚弱的孩子，必须找到一个能使他的生活更轻松的人，并且这个人能把自己的全部精力都放在他身上，而这种奉献和保护的态度却会在孩子身上发展出一种强烈的自卑感。所有的孩子都会有一种相对的自卑感，因为他们和成年人在身材大小和力量强弱上都有很大差距。当孩子被告知“小孩子可以看但不要插嘴”时，这种“弱小”的感觉很容易得到加强。

所有这些印象，都会使儿童进一步意识到他处于劣势地位。儿童发现自己比其他人更矮小，而且力量也不如别人，但自己却无法调整自己、使自己与自己和解。他越是认为自己弱小，就会越是努力让自己变得更强大。他为了获得认可所付出的努力又进一步增加了他的动力。但是，他并不是为了和身边的人和谐相处而努力安排自己的生活，相反，他创造了一个新的规则，即“只考虑自己”。这样的儿童，往往就是只想着自己、不与人交往的儿童。

我们可以肯定地说，大多数瘦弱、残疾和长相丑陋的孩子都有强烈的自卑感，这种自卑感会以两种极端的方式表现出来。当别人跟他们说话时，他们要么表现得退缩、躲避和胆小，要么表现得咄咄逼人。这是两种看上去完全不同的行为模式，但其实它们有着相同的起因。这些孩子要么说得太少，要么说得太多，从而暴露了自己追求认可的本质。他们的社会情感要么是徒劳无用的，要么被用于个人目的。因为他们对生活没有任何期望，认为自己什么都不能给予。他们都想成为领袖和英雄，希望自己永远处于中心位置。

如果一个孩子多年来一直在一个错误的方向上训练自己，我们不可能指望一次谈话就可以改变他的模式。教育者必须非常耐心。如果一个孩子一直在努力改善自己，但偶尔出现了倒退，这时教育者最好向孩子解释进步不会一蹴而就。这么做能让孩子平静下来，而不会感到气馁。如果一个孩子已经有两年数学成绩不好了，那么他不可能在两周内成绩就变好，但毫无疑问，他的成绩是可以提高的。一个正常的孩子，也就是勇敢的孩子，是能够弥补任何不足的。我们一次又一次地看到，儿童能力的缺陷源自于人格的一种错误发展，一种特殊的、沉重的、不优雅的整个人格的形成。只要儿童不是智力有缺陷，我们总能帮到这些出现行为问题的孩子。

能力缺陷或看起来愚蠢、笨拙、冷漠，并不能证明这个儿童就是智力障碍者。在智力有缺陷的儿童身上，往往能发现大脑发育不正常的生理指标。这种生理缺陷可能是由那些影响大脑发育的腺体引起的。有时，这种生理缺陷会随着时间的推移而消失，人们所看到的只是最初的生理缺陷在心理方面留下的痕迹。也就是说，一个原本身体虚弱的孩子，即使他的身体变得强壮了，也有可能继续表现得像个虚弱的人。

我们必须探索得更深一点。心理上的自卑和以自我为中心的态度，不仅可能是由过去的生理缺陷和身体虚弱导致的，也可能是由与生理缺陷完全无关的情形导致的。它们可能是由错误的抚养方式造成的，或者由缺乏关爱且严酷的教养造成的。在这种情况下，对孩子来说，生命就只剩痛苦，因而他们会对环境采取一种敌对的态度。这些因素带来的影响与生理缺陷引起的心理自卑是相似的，甚至是相同的。

我们可以预料，在治疗那些在缺爱环境中长大的孩子时，将会面临很大的困难。他们会像对待所有伤害过他们的人那样对待我们；每次敦促他们去上学，都会被他们看成是一种压迫手段。他们总是觉得自己受到了束缚，而且在他们的能力范围内总是有反抗的倾向。他们无法采取正确的态度对待同伴，因为他们嫉妒那些同伴拥有比自己更快乐的童年。

这些内心充满怨恨的孩子常常会发展出喜欢破坏别人生活的性格。他们没有足够的勇气战胜环境带给他们的影响，因此，他们试图通过打压那些比他们弱小的人，或者通过表面上的示好来展示自己的优越感，以缓解自己缺乏力量的感觉。然而，只有在其他人允许自己做主导的时候，这种表面的友好才会持续。很多儿童都只和处境比自己更糟的人交朋友，就像有些成年人觉得自己特别容易被遭遇不幸的人吸引一样。或者他们喜欢亲近比自己更小、更穷的孩子。男孩有时候也更喜欢那些特别温柔、特别听话的女孩，而这种偏好并不是出于性方面的吸引力。

第5章

防止儿童产生自卑情结

如果一个孩子花了很长的时间来学习走路，但只要他学会了就能正常走路，这并不意味着以后他一定会发展出自卑情结。然而，我们也知道，一个心智发育正常的孩子，也总是会对行动自由方面的任何限制留下深刻印象。他会觉得自己的处境很不幸，并且很可能从中得出悲观的结论。即便最初的生理功能缺陷后来消失了，这些悲观的结论也会影响他未来的行为。有许多孩子曾经患过佝偻病，虽然治愈了，但身上仍留有这种病的痕迹，如罗圈腿、动作笨拙、某种头部畸形（方头）、脊柱弯曲、脚踝增大、关节无力、体态不良等。他们在生病期间产生的挫败感以及随之而来的悲观倾向，会在心理上持续存在。这样的孩子看到他们的同伴过得轻松舒适，就会觉得很压抑，并产生一种自卑感。他们倾向于低估自己，并可能产生以下两种情形中的一种。他们要么完全失去信心，几乎不再尝试进步；要么被看似绝望的困境所激发，尽管有生理缺陷，仍旧想要努力赶上那些更加幸运的小伙伴。儿童显然还没有足够的心智来正确判断自己的处境。

一个重要的事实是，决定儿童发展的既不是他自己的内在能力，也不是客观环境，而是儿童对外部现实及他与外部现实之间关系的解释。孩子带到这个世界上的一些潜能并不是最重要的，我们成年人对孩子处境的判断也不是最重要的。最重要的是，我们要从孩子的视角看待孩子的处境，并用他自己形成的不那么正确的判断来理解他。我们不能假设孩子的行为一定会符合成年人常识的逻辑，而要意识到孩子在理解自己的处境时难免会犯错误。事实上，我们必须记住，如果儿童没有犯错误，我们也就不可能对他们进行教育了；如果儿童的错误都是与生俱来的，我们也就不可能教育或改善一个孩子了。因此，相信性格特征是先天决定的人不能也不应该教育孩子。

事实上，健康的身体并不总是能带来健康的心灵。我们会发现，一方面，当一个有生理缺陷的孩子勇敢地面对生活时，在他不健康的身体里也可能找到健康的心灵。另一方面，如果一个孩子的身体是健康的，但由于经历了一系列的不幸，导致他对自己的能力做出了错误解释，他的心理也可能变得不健康。在完成任何一项任务的时候遭受失败，都会使这些孩子感到自己无能。这是因为这些孩子对困难特别敏感，他们把每一个障碍都看作他们无能的证据。

有些孩子除了行动不便之外，在学说话方面也存在困难。通常儿童在学习说话的同时也会学习走路。这两个方面当然没有实际联系，但两者都取决于儿童的教养方式和家庭环境。有些儿童本来没有任何生理方面的困难，但由于家庭忽视了对他们的帮助而没能学会说话。然而，很明显的是，任何一个听力正常、语言器官发育完善的孩子，都应该在成长早期一个合适的阶段就学会说话。在某些情况下，尤其是那些极度依赖视觉的儿童，说话也可能会延迟。还有一些情况是，父母十分溺爱孩子，什么都替他说出来，而不是让孩子尝试自己表达。这样的孩子要花很长时间才能学会说话，我们有时甚至会怀疑他是不是有听障。当他终于学会说话时，他对说话的兴趣会变得非常强烈，甚至在后来的生活中有可能成为一名演说家。作曲家舒曼的妻子克拉拉·舒曼（Klara Schumann）直到 4 岁才会说话，甚至 8 岁时还只会说一点。她是个古怪而非常内向的孩子，喜欢待在厨房里。我们可以由此推断，当时没有人会关注她。“奇怪的是，”她的父亲说，“这种明显的精神不协调恰恰是她此后美妙和谐生活的开始。”她的情况是过度补偿的一个例子。

我们必须慎重对待的是，听障儿童需要接受特殊的教育，因为越来越多的事实证明，完全耳聋的儿童出现的概率很小。无论一个孩子的听力有多么糟糕，他那微弱的听力也应该得到最大程度的呵护。德国罗斯托克市的卡茨（Katz）教授已经证明，他能够训练那些曾被认为不懂音律的孩子，让他们充分欣赏音乐和声音的美。

有时候，一些在学校大部分科目成绩都很好的儿童，在某一门课上却很糟糕，这门课通常是数学，因而会让人们怀疑他是否存在一些智力障碍。数学没学好的孩子，有可能曾经被这门课吓到，在尝试应对它的过程中失去了勇气。有些家庭，偶尔还有一些艺术家，甚至还会吹嘘自己不会计算。此外，人们普遍认为学习数学对女孩而言比男孩更难，这种想法其实是错误的。有许多女性成为优秀的数学家和统计专家。如果女生经常听到“男孩比女孩更擅长数学”，她们可能会因此而失去信心。

儿童是否会使用数字，是一个非常重要的标志。数学是为数不多能给人以安全感的知识领域之一。它是一种思维运动，通过数字能使周围的混沌变得更有条理。有强烈不安全感的人通常不太擅长计算。

其他科目也是如此。写作就是把只有内心才知道的声音呈现在纸上，从而给写作者以安全感。绘画可以把飞逝而过的视觉印象永久地保存下来。体操和舞蹈是对身体安全的一种表达，更重要的是，通过对肢体的掌控，我们获得了一定的心理安全。可能这就是为什么那么多教育者会坚信体育教育的作用。

一种明显的自卑感的表征是，儿童在学游泳时感到很困难。如果一个儿童可以轻松地学会游泳，那就是一个好的迹象，表明他也将能够克服其他困难。如果一个儿童发现自己很难学会游泳，那就表明他对自己和游泳教练缺乏信心。值得注意的是，许多一开始很难学会游泳的儿童，后来成为很棒的游泳者。这些儿童起初对困难很敏感，一旦学会游泳就会受到很大激励，为自己定下更大的目标，因而常常成为一流的游泳健将。

了解儿童是特别依恋一个人，还是同时对几个人都感兴趣，这是很重要的。通常，一个孩子最依恋的是他的母亲，如果没有母亲，他就会去依恋家庭的其他成员。这种依恋能力存在于每个儿童身上，除非他有智力缺陷。如果一个儿童由母亲抚养长大，却依恋家庭中的另一个人，找出其中的原因是很重要的。显然，任何一个儿童都不应该把自己所有的爱和注意力集中在他的母亲身上，因为母亲最重要的功能是使孩子有兴趣和信心与同伴在一起。祖父母在孩子的成长过程中也扮演着重要的角色——通常是溺爱孩子的角色。老人溺爱孩子的原因是他们害怕自己不再被人需要。他们发展出过度的自卑感，这种自卑感使得他们要么对孩子唠叨批评，要么变得特别心软、脾气很好，不拒绝孩子的任何要求，以使自己成为孩子生活中非常重要的人。孩子住在祖父母家往往会被宠坏，以至于他们拒绝回到自己受管束更多的家里。一回家，他们就抱怨家里没有祖父母家那么好。我们在这里提到祖父母在孩子生活中扮演的角色，是为了提醒教育工作者，在调查任何一个特定儿童的生活方式时，不要忽略这一重要事实。

佝偻病导致的行动笨拙（参见附录1个人心理问卷的第二个问题），如果长时间得不到改善，通常表明孩子得到了过多的照顾，因而被宠坏了。母亲应该有足够的智慧，不要扼杀孩子的独立性，即便这个孩子生病了、需要得到特殊照顾。

还有一个重要问题是这个儿童是否制造了很多麻烦（参见附录1个人心理问卷的第三个问题，以下同）。当我们听到这种情况出现时，我们可以肯定的是，母亲和孩子的关系太过亲密了。她没有成功地培养出孩子的独立性。这种捣乱行为通常出现在儿童睡觉、起床、吃饭和洗漱的时候，也会以做恶梦或遗尿症（尿床）的方式表现出来。所有这些症状都表明，他们试图获得别人的关注。症状一个接一个地出现；这就好像孩子们发现了一件又一件的武器，可以用来控制大人。我们可以肯定，当一个孩子出现这些症状时，他身边的人为他营造的环境是软弱无力的。惩罚没有帮助，这样的孩子常常会引诱他们的父母惩罚他们，以向他们证明这种惩罚是没有用的。

儿童智力的发展也是一个特别重要的问题。这有时很难正确回答，因此建议采用比奈智力测试，但这种测试的结果并不总是可靠的。所有其他的智力测试也是一样的，我们不应该认为这些测试结果在孩子一生中是永恒不变的。一般来说，智力的发展在很大程度上取决于家庭环境。环境较好的家庭能够帮助孩子，而身体发育良好的孩子通常也会表现出相对良好的心理发育。不幸的是，情况通常是这样的，那些在心理成长中进展更顺利的孩子，通常更有可能从事高质量的工作或者更好的工作，而那些进展相对缓慢的孩子将来更有可能被分配去做卑微的工作。据我们观察，许多国家都引入了新的体系为弱势儿童提供特殊课程，而这些儿童大多数来自贫困家庭。可以得出的结论是，这些贫穷的孩子如果生长在一个对他们更有利的环境，无疑是能够成功地与那些出生在物质条件更好的家庭的幸运儿竞争的。

另一个需要研究的重要问题是，孩子是否曾经成为别人的笑柄或被嘲笑打击而感到气馁。有些儿童能耐受这样的挫折，而另一些儿童则会失去勇气，避开那些困难但有用的工作，把注意力转向自己的外表，这种现象表明儿童对自己失去了信心。如果一个孩子不断地与别人争吵，害怕他如果不是攻击者，别人就会先攻击他，那么这暗示着这个孩子对周围环境是充满敌意的。这样的孩子常常不太听话，因为他们认为听话是服从的标志。他们认为礼貌地回应别人的问候是丢人的，因而会傲慢无礼地回应问候。他们从不诉苦抱怨，因为他们把别人的同情看作是对他们个人的侮辱。他们从不在别人面前哭泣，有时在该哭的时候却哈哈大笑，这看起来非常冷漠，其实他们只是害怕表现出软弱的一面。没有一个残酷的行为不是基于这种内在隐秘的脆弱感。真正强大的人不会对残酷的行为感兴趣。这些不听话的孩子往往浑身脏兮兮的、不顾个人形象，他们咬指甲、挖鼻子，而且非常固执。他们需要被人鼓励，而且需要有人告诉他们，他们的行为只是表明他们害怕表现得像个弱者。

第四个问题，即孩子是否容易交到朋友。他是一个领导者还是一个追随者与他的社交能力有关，也就是说，与他怀有的社会感或不自信程度有关。这也与他希望顺从别人或者统治别人的渴望有关。当一个孩子孤立自己时，表明他没有足够的自信与他人竞争，而他对优越感的追求又过于强烈，以至于他害怕自己在人群中处于从属地位。如果儿童有收集东西的倾向，表明他想让自己强大起来，超越别人。这种收集东西的倾向是危险的，因为它很容易过度，发展成无节制的野心和贪婪，这是一种普遍的软弱感的表达，代表着他需要找到一个支撑点。当这些孩子感到自己被忽略或忽视时，他们很容易出现偷窃的行为，因为他们比其他人更感到自己缺乏被关注。

第五个问题是关于孩子对学校的态度。我们必须留意他上学是否会迟到，他是否对上学感到激动（这种激动通常暗示着他不愿意上学）。孩子在面对某些情况时产生的恐惧感，有很多不同的表达方式。当有家庭作业要做时，他们会变得易怒；由于紧张，他们似乎还会出现心悸的感觉。有一种特殊的儿童还会出现明显的生理变化，如性兴奋。给孩子打分的制度并不总是值得推崇的。如果不以分数给儿童分类，他们将会如释重负。学校变成了一个持续考试或测试的地方。在学校里，好成绩当然是需要努力争取的，但是坏成绩则像一个对儿童永久的判决。

孩子是自愿做家庭作业的，还是必须被强迫才会做？忘记做家庭作业，表达了一种逃避责任的倾向。不令人满意的学习成绩和对学习没有耐心，有时是儿童逃学的手段，因为他们更想做别的事情。

这个孩子懒惰吗？当一个孩子学习成绩不好时，他宁愿把懒惰当作原因，而不是自己能力不足。当一个懒惰的孩子把一件事做得很好时，他会受到表扬，然后他会听到："如果他不偷懒的话，他可以做得更好。"儿童会对这种观点感到满意，因为这样的话让他确信自己不再需要证明自己的能力了。这种类型的孩子既包括懒惰的孩子，他们缺乏勇气，不能集中注意力，总是依赖别人；也包括被宠坏的孩子，他们会为了吸引别人的注意而破坏课堂纪律。

孩子对老师的态度是什么？这个问题并不容易回答。儿童通常会掩饰自己对老师的真实感受。如果一个孩子不断地批评、羞辱他的同学和朋友，我们可以认为这种贬低他人的倾向是他缺乏自信的表现。这样的孩子傲慢自大、唠叨挑剔，凡事总认为自己比别人懂得多。这种态度其实是掩饰他们自身的弱点。

更难应付的是那些漠不关心的、冷漠的、被动的孩子。他们也戴着面具，因为他们并不是真的那么冷漠。当这些孩子被逼得失控时，他们的反应通常是暴怒或企图自杀。除非命令他们，否则他们什么也不会做。他们害怕挫折，而且会高估他人。因此，我们必须鼓励他们。

那些在体育运动中表现出雄心的孩子，透露出他们在其他方面也雄心勃勃，只是害怕失败。阅读量远远超过一般水平的儿童也缺乏勇气，这种做法表明他们希望通过阅读获得力量感。这样的孩子拥有丰富的想象力，但在面对现实时却很胆怯。同样重要的是，要注意孩子喜欢什么类型的书籍：小说、童话、传记、游记，还是客观的科学作品。青春期的孩子很容易被色情书籍所吸引。不幸的是，孩子们会接触到一些这方面的内容。日益增加的性冲动和对性经验的渴望会使这些孩子的想法转向这个方向。为了消除这些有害的影响，我们应该采用下面这些手段：帮助儿童准备好长大成人，在幼年时期就给他们进行性启蒙，帮助他们与父母建立和睦的关系。

第六个问题与家庭状况有关，即家庭成员是否患有酗酒、神经症、肺结核、梅毒、癫痫等疾病。获得孩子全面的病史资料也是很重要的。经常用嘴呼吸的孩子会有呆呆的面部表情，这是由于扁桃体和扁桃腺阻碍了正确呼吸造成的。通过做手术消除这些影响是很重要的，而且“手术能够帮助自己”的想法可以让儿童在返回学校时有更多的勇气去解决问题。

家族疾病往往会对孩子的成长有危害。患有慢性疾病的父母会给孩子带来沉重的负担。神经和精神方面的障碍会让整个家庭都受到折磨。如果有可能的话，家长尽量不要让孩子知道家里有人得了精神疾病。精神疾病会给整个家庭蒙上阴影。有时，人们还会迷信地认为精神疾病会遗传。肺结核、癌症等疾病也会造成这样的影响。所有这些疾病都会给孩子的心灵留下可怕的印记，有时让孩子远离这样的家庭氛围是更好的。家庭成员的慢性酒精中毒或犯罪倾向就像一种毒药，孩子往往无法抵抗而沾染上这些习气。然而，如何给予从这样的家庭中走出来的儿童适当的安置，仍旧存在很多困难。癫痫病人通常暴躁易怒，会扰乱家庭生活的和谐。但最糟糕的是梅毒。如果父母患有梅毒，孩子通常非常虚弱，他们可能会遗传这种疾病，并很难应对生活。

我们不能忽视的一个事实是，家庭的物质条件影响了儿童的人生观。与生活环境较好的儿童相比，贫困家庭的儿童会产生一种不足感。小康家庭的孩子发现，如果家庭经济状况下降，他们将很难舍弃自己已经习惯的舒适生活。当祖父母的境况比父母好时，这种焦虑感就更多了。比如彼得·根特（Peter Ghent），他无法摆脱以下现实，即他的祖父非常强大，而他的父亲在所有事情上都失败了。为了抗议懒惰的父亲，这样的儿童常常会变得勤奋。

儿童第一次接触死亡的经历如果是非常突然和意外的情况，那么它的打击往往是非常大的，足以影响孩子的一生。一个孩子还没有为死亡做好准备却突然直面了死亡，第一次意识到生命有终结，可能会使孩子彻底失去勇气，或至少使他非常胆小。在医生们的传记中，我们经常发现，他们之所以选择医生作为职业，是因为他们之前与死亡的不期而遇，这也证明了意识到死亡会深深地影响一个孩子。因此，我们不建议将这样的意识加给孩子，因为他们还不能完全理解死亡。孤儿或继子女就经常将他们的不幸归咎于父母的死亡。

知道家里谁有决定权是很重要的。通常来说这个人是父亲。当母亲或继母在家中占据主导地位时，往往会给儿童的成长带来不利的影响，父亲常常会失去孩子的尊重。如果母亲专横独断，那么儿子通常会对女性怀有某种恐惧，而且这种恐惧他们很难自己摆脱。这样的男人要么避开女性，要么会让家里的女性过得很不愉快。

我们还有必要进一步知道孩子的教养方式是严厉的还是溺爱的。个体心理学家认为，在养育孩子时，既不应该采用严厉的方法，也不应该采用溺爱的方法。教育儿童需要的是理解他，避免孩子犯错，不断鼓励孩子去面对和解决问题，并培养他们的社会感。喋喋不休的父母会伤害孩子，使孩子完全失去自信。溺爱的教育方式则会培养出一种依赖的人格，并使孩子倾向于依附一个人。家长既不应该美化现实，也不应该用悲观消极的语言描绘现实。他们要做的是让孩子尽可能做好生活准备，这样孩子就能照顾自己。没有教过孩子如何面对困难，孩子就会试图避免每一种困难，从而导致孩子的活动范围不断缩小。

知道谁负责照看孩子是很重要的。母亲没有必要总是与小孩待在一起，但她必须知道她把孩子托付给什么样的人照顾。教育孩子的最好方法是，在合理的范围内，让他从经验中学习，这样他的行为就不会被别人强加给他的限制所局限，而是可以根据事实的逻辑来发展。

第七个问题涉及孩子在家庭中的位置。这个问题最能反映孩子的性格特征。独生子女的地位很特殊，最小的孩子、女孩中唯一的男孩或男孩中唯一的女孩，在家中的地位也很特殊。

第八个问题涉及职业选择。这是一个重要的问题，因为它向我们揭示了环境对儿童的影响、儿童的勇气大小和社会情感的深度，以及儿童的生活节奏对儿童的影响。白日梦（第九个问题）和早期童年记忆（第十个问题）也很重要。那些学会解读童年记忆的人，常常能从这些记忆中发现儿童整体的生活方式。梦也能揭示孩子发展的方向，显示出他是试图解决问题还是逃避问题。知道孩子是否有语言缺陷是很重要的。此外，我们还要知道他长得丑陋还是美丽，他的身材好还是不好（第十三个问题）。

第十四个问题。孩子会公开谈论自己的情况吗？有些孩子喜欢吹牛，他们这么做是为了补偿他们内心的自卑感。另一些人则拒绝开口，因为他们担心自己会被利用，或者担心一旦暴露自己的弱点就会受到新的伤害。

第十五个问题。一个孩子在某一科目上成绩很好，如绘画或音乐，那么我们应该在此基础上鼓励他，使他在其他科目上也取得进步。

如果一个 15 岁的孩子还不知道自己想成为什么样的人，那么他可以被认为是完全失去勇气的，必须相应地帮助他们。家庭成员的职业，以及兄弟姐妹之间的社会地位差异，也应该加以考虑。父母不幸福的婚姻会损害孩子的整体发展。教师的职责是谨慎行事，对孩子和他所处的环境有一个正确的理解，并根据从问卷调查中了解的情况，安排对孩子进行的治疗，努力使孩子得到进步和成长。

第6章

社会情感及其发展障碍

相比于前面讨论过的追求卓越的案例，我们发现很多孩子和成年人身上有一个倾向是团结起来，通过合作一起完成任务。从社会视角来说，这样的做法使得他们感到自己是有用的。这种情形可以用“社会情感”这个词来进行概括和描述。社会情感的根源是什么？这是一个存在争议的问题。不过，就目前所能观察到的而言，我们要探讨的是一种与人密切相关的现象。

人们可能会问，在什么意义上，社会情感比心理上的追求优越感更接近人的本性？答案是，两者本质上有着相同的核心：个人对优越感的渴望和社会兴趣的情感都建立在相同的人类本性基础之上。两者的根源都是渴望得到肯定，只是形式不同。这两种不同的形式包含了对人性不同的隐性判断。因此，个人对优越感的追求包含了一种判断，即个人可以不依赖群体而获得成就；而人们对社会情感的追求，则包含了人们需要依赖于群体的观点。毫无疑问，社会情感的追求要优于个人优越感的追求。社会情感的追求代表的是一种更健全、更符合逻辑的观点，而个体优越感的追求则是一种比较肤浅的观点，尽管作为一种心理现象，它经常在个人生活中出现。

如果我们想知道社会情感在什么意义上符合真理和逻辑，只需要观察一下人类的历史就会注意到，人类总是生活在群体之中。这个事实并不令人吃惊。如果我们进一步思考一下，就会发现，很多生物无法自己保护自己，为了让自己得到保护，它们不得不过着群居的生活。如果我们把人类和狮子进行比较，就会发现，人作为一种动物，独自生活是相当不安全的。其他大多数与人类有着同等体型的动物，往往都比人类更加强壮，也被大自然赋予了更强大的进攻和防御的能力。达尔文发现，那些没有被大自然赋予强大防御能力的动物，总是成群结队地前行。例如，猩猩由于有着非同寻常的身体力量，常常和它的伴侣独自生活，而猿猴家族中较小和较弱的成员则总是成群生活。正如达尔文所指出的那样，群体的形成是作为一种替代或补偿，以弥补大自然没有赋予动物的爪子、尖牙、翅膀等。

群体的形成不仅弥补了一些动物作为个体所缺乏的东西，而且还促使它们发现了新的保护方法，来改善它们的处境。例如，有一些猴群知道如何派出先遣侦察兵去探测是否有天敌存在。通过这种方式，它们能够汇聚集体的力量，从而大大地弥补了群体中每个成员的弱点。我们还可以看到，水牛聚集在一起，可以成功抵御那些个体力量远超过它们的敌人的袭击。

研究这个问题的社会生物学家也报告说，在这些群体中，我们经常发现类似人类法律的一些安排。被派遣到前方的侦察兵必须按照一定的规则行事，它们的每一个错误或违规行为都将受到整个猴群的惩罚。

在这个方面，有意思的是，许多历史学家宣称，人类最古老的法律是那些适用于部落守卫者的法律。如果是这样，我们就可以知道群体是如何产生的了，即那些弱势的动物为了保护自己而形成了群体。在某种意义上，社会情感反映了个体生理的弱势或缺陷，并且与生理弱势是分不开的。因此，对人类而言，也许最重要的是，在人类弱小无助并且发展比较缓慢的婴儿期和儿童期就培养他们的社会情感。

在整个动物圈，我们发现除了人类之外，再也没有别的生物是以一种完全无助的状态来到这个世界上的。而且，正如我们所知，人类儿童达到成熟所需要的时间最长。这并不是因为一个孩子在长大成人之前必须学习无数的东西，而是因为人类发展的方式就是如此。孩子们需要父母保护的时间要长得多，因为他们的身体需要保护，如果他们得不到这样的保护，人类就会灭绝。儿童的身体弱势可以成为一个契机，将教育和社会情感联系起来。由于孩子生理上还未成熟，因此必须接受教育，而教育的目的是基于这样一个事实，即只有依赖于群体，才能克服孩子不成熟带来的弱势。因此，教育的目标必须具有社会性。

在所有儿童教育的规则和方法上，我们必须始终怀有集体生活和社会适应的意识和想法。无论是否意识到，我们总是对有益于社会的行为印象较好，而对不利于社会或有害的行为则印象较差。

我们观察到的所有教育错误之所以是错误的，是因为我们判断它们会对社会产生有害的影响。人类所有的伟大成就以及人类所有能力的发展，都发生在社会生活的压力下，并朝着社会情感的方向发展。

让我们以语言为例来进行说明。一个独自生活的人是不需要知道如何说话的。人类发展出语言的能力无可争辩地表明了共同生活的必要性。语言是人们之间一种独特的联系方式，同时也是人们共同生活的产物。只有当我们把社会生活的概念作为出发点时，语言的心理意义才有可能被理解。独自生活的人对语言没有兴趣。如果一个孩子缺乏参与社会生活的广泛基础，或者独自长大，那么他的语言能力开发就会被延迟。只有当一个人维持与他人的交往时，我们所说的语言天赋才会出现，并得到提高。

人们通常认为，那些能比别人更好地表达自己的孩子只是因为更有天赋。这是不正确的。那些有语言障碍或在社会交往中表达有困难的儿童，通常没有强烈的社会情感。学不会说话的孩子往往是被宠坏了的孩子，在孩子提出要求之前，母亲就为他们做了一切。如此一来，他们就失去了与别人联系的机会以及适应社会的能力，因为他们不需要说话。

还有一些孩子不愿意说话，是因为他们的父母从不允许他们说完一句话或自己来回答问题；另一些人则因为被嘲笑和讽刺，因而对自己失去了信心。这种不断地纠正和挑剔儿童说话的行为，似乎是儿童教育中普遍存在的错误做法。这种做法带来的可怕结果是，这些孩子在之后的很多年里都会一直带着一种耻辱感和自卑感。我们可以注意到，这样的人在开始说话前会使用老套的开场白："请不要嘲笑我。"我们听到这句话，马上就能知道，这些人小时候一定经常被人嘲笑。

有这样一个例子，有个孩子可以说话，也能听见，但他的父母既聋又哑。每当他受伤的时候，他总是默默流泪，不发出一点声音。他需要让他的父母看到他的痛苦，但让这种痛苦发出声音来却是没有用的。

如果没有社会情感，人类其他能力的发展是不可想象的，例如理解能力或逻辑思维能力。一个完全独居的人不需要逻辑，或者至少不比其他动物更加需要逻辑。相反，一个总是需要与他人联系，需要在与他人的交往中使用语言、逻辑和常识的人，则必须获得或发展社会情感。这是所有逻辑思维的最终目标。

有时，人们的行为在我们看来很愚蠢，但实际上，从他们的个人目标来看这些行为是非常聪明的。有些人总觉得其他人应该和他们一样思考，这表明了社会情感或社会常识是如何影响我们的判断的。（更不用说，如果社会生活不是那么复杂，没有给个人带来那么多复杂的问题，我们就没必要发展社会常识了。）我们很容易想象，原始人一直停留在一个原始的水平上，是因为他们相对简单的生活并没有激发他们进行更深层次的思考。

社会情感在人类的语言能力和逻辑思维能力中起着至关重要的作用。如果一个人无视他所生活的社会而试图独自去解决自己的问题，或者他使用一种只有自己才能懂的语言，那么就会导致社会的混乱。社会情感给每个人一种安全感，这种安全感也是他生活中的主要支撑。这种安全感可能与我们从逻辑思维和真理中获得的信任感不完全相同，但它是信任感中最明显的组成部分。

举个例子，为什么数学计算在各个方面都给人一种信任感，让我们倾向于认为只有能用数字表达的东西才是正确的？因为数字运算使得我们与同伴的交流更顺利，同时大脑也更容易运算数字。而对于我们无法与他人交流，也无法让他人与我们分享的真理和思想，我们则相对没有那么大的信任感。这一思路，无疑是柏拉图试图将所有的哲学模型建立在数字和数学之上的深层原因。柏拉图希望哲学家回到“洞穴”，也就是参与到人类同胞的生活中去。我们可以从这一事实中看到他的思想与社会情感的紧密联系。他觉得，如果没有来自社会情感的那种安全感，即使是哲学家也无法正常地生活。

可以说，心中没有积累起这种安全感的孩子，在与他人交往或必须调动自己的主动性去完成某些任务时，就会体现出这一点来。这种安全感的缺乏，在学校那些需要客观、逻辑思维的科目中表现得尤为突出，比如数学。

人类在童年时期培养的一些观念（例如，道德、伦理等），通常以比较片面的方式呈现。对于一个注定要孤独生活的人来说，道德准则是不可想象的。只有当我们考虑到社会和其他人的权利时，道德才会存在。当我们想到审美感受，想到艺术创作时，这些道德准则就有点难以证实了。然而，即使在艺术领域，我们也能感知到一种大体一致的道德观念，这种观念的基本根源可能是出于对健康、力量、正确的社会发展等方面的理解。就艺术而言，界限是非常灵活的，其中有很多个人品位的空间。不过，总体而言，即使是美学观，也遵循社会发展的规则。

如果摆在我们面前的是一个实际的问题——我们如何判断一个孩子的社会情感已经发展到什么程度了？那么，我们必须回答说，我们需要考虑到一些行为表现。例如，当我们看到，一些孩子在追求优越感的过程中，不为他人着想，只想突出自己，那么我们可以肯定，他们的社会情感比那些会为别人着想的孩子要少。在我们现在的文明中，很难想象一个儿童没有追求个人优越感的欲望。结果，他的社会情感通常没有得到充分的发展。这种情况正是一些批评家、一些古代和现代的道德家所抱怨的——他们认为人类天生就以自我为中心，对自己的考虑比对别人的考虑多。这样的观点总是以说教的形式表达出来，但这种说教对孩子和成年人都没有什么用，因为单凭说教是什么也做不成的，被说教的人最终会认为别人也好不到哪儿去，以此来安慰自己。

当面对那些思想混乱，以致出现了危害社会或犯罪倾向的儿童时，我们必须认识到，再多的道德说教也起不了任何作用。在这种情况下，更可取的做法是更深入地挖掘其中的缘由，以便能够将其心中的邪恶彻底去除。换句话说，我们不能以法官的角色对儿童进行道德审判，而应扮演他的朋友或医生的角色。

如果我们不断地告诉儿童他是坏的或愚蠢的，那么他会在很短的时间内就相信我们是正确的，但从此以后他将没有足够的勇气去处理任何摆在他面前的任务。接下来会发生的是，这个孩子无论努力做什么都会失败，因为自己很愚蠢的信念已经在他心里扎根了。他不知道，是我们最初的断言和他所处的环境摧毁了他的自信，使他潜意识地安排自己的生活，以证明这个错误的判断是正确的。这个孩子觉得自己不如同伴能干，觉得自己的能力和潜力很有限。他的这种态度清楚地表明了他抑郁的心境，而他所处的不利环境带给他的压力又加剧了他的抑郁心境。

个体心理学试图告诉我们，在儿童所犯的每一个错误中，我们总能看到环境的影响。例如，一个杂乱无章地摆放东西的孩子，背后总是有一个替他把东西整理得井井有条的人；一个撒谎的孩子往往受到一个强势的大人的影响，这个大人希望用严厉的手段纠正孩子的撒谎行为。我们甚至可以从孩子的自我吹嘘中看到他身处的环境的痕迹。这样的孩子通常觉得自己需要得到表扬，却不一定需要非常出色地完成自己的任务。在追求优越感的过程中，他不断地渴求家庭成员的赞扬。

在每个儿童的生活中，有些情况是父母经常忽视或误解的。在有兄弟姐妹的家庭中，父母更容易忽视每个孩子的情况是不同的。最早出生的孩子有着独特的地位，因为他们有一段时间曾是家里的独生子女。这种体验，家里的第二个孩子则没有过。最小的孩子所经历的一系列情况也不是每个孩子都能体会的，因为他一直是家里最小的和最弱的。这样的情况还会有很多变式。当两兄弟或两姐妹一起长大时，年长的、能力更强的那个孩子已经克服了弟弟或妹妹还没有克服的某些困难，因而，年幼的那个孩子处于相对不利的位置，并且他自己也能感觉到这一点。为了补偿这种自卑感，那个孩子可能会更加努力，以便超过自己的哥哥或姐姐。

长期研究儿童的个体心理学家通常能够看出儿童在家庭中的排行。当家中年长的孩子取得了进步时，年幼的孩子就会受到激励，并做出更大的努力来跟上年长的孩子。其结果是，年幼的孩子通常更积极，更有进取心。如果年长的孩子身体虚弱、发育缓慢，那么年幼的孩子也就不会迫使自己在竞争中付出更大的努力了。

因此，确定一个孩子在家庭中的排行是很重要的，因为只有了解了一个孩子在家庭中的排行，我们才能完全理解他的行为。在家庭中最小的孩子身上，有明显的迹象表明他们是家里最小的。当然也有例外情况。但最常见的一种情形是，最小的孩子想超越所有其他孩子，他是一个从不安静的人，他总是被一种自己最终一定会比其他人更成功的感觉和信念激励着，去采取进一步的行动。这些观察结果对儿童教育具有重要意义，因为它们决定了我们需要采用某些特定的教育方法。在教育孩子时遵循一样的规则是不可能的。每个孩子都是独一无二的，当我们根据特定的类型对孩子进行分类时，必须小心地将每个孩子都作为一个个体来对待。这个条件在学校几乎不可能实现，但在家里肯定可以实现。

在拍照的时候，最小的孩子总是想位于照片前面的位置，在很多情况下他都成功了。我们需要重视这一点，因为它大大削弱了心理特征是遗传的观念。当不同家庭的最小的孩子在这方面如此相似时，我们就不能说它是遗传得来的了。

年龄最小的孩子里还有一种类型，与上面描述的积极的孩子相反，他们是彻底失去自信的青少年，而且非常懒惰。这两种类型之间看似存在巨大的差异，其实可以从心理学上进行解释。没有人比那些怀有超越他人的雄心壮志的人更容易被困难所伤害了。他的抱负使他很不快乐，当遇到的障碍看起来似乎无法克服时，他会比那些没有如此重要目标的人更快地逃跑。我们在这两类最年幼的小孩身上看到了拉丁谚语“不为恺撒，宁为虚无（Aut Caesar，aut nullus）”，即我们所说的“要么全有，要么全无”。

在《圣经》中，我们可以找到对家中最小儿童的极好描述，这些描述与我们的经验完全一致——例如，约瑟夫（Joseph）、大卫（David）、扫罗（Saul）等人的故事。有人反对说，约瑟夫还有一个弟弟本杰明（Benjamin），但本杰明出生时约瑟夫已经17岁了，因此约瑟夫小的时候可以认为是家里最小的孩子。我们在生活中经常看到由最小的孩子来供养的家庭。我们不仅在《圣经》中，而且在童话故事中都发现了支持这一观点的证据。在所有的童话故事中，最小的孩子都会超过他所有的哥哥和姐姐——在德国、俄罗斯、丹麦或中国的童话故事中，最小的孩子都是征服者。这不可能只是巧合。这可能是因为，过去最小的孩子的身份比现在要突出得多。这种类型的人肯定被好好地观察过，因为在原始条件下，最小的孩子更容易被注意到。

儿童的心理特征发展受到其在家庭中所处的位置的影响，关于这一点还有很多可以写的。最年长的孩子也有许多共同的特点，大致可以分为两到三种主要类型。

我们已经研究这个问题很长时间了，但一直不是很清晰，直到看到冯塔纳（Fontane）自传中的一段话。冯塔纳在那段话中描述了他的父亲——一个法国移民，参加波俄战争的经历。比如，当父亲读到一万名波兰人打败了五万名俄国人，使得俄国人落荒而逃时，父亲总是表现得非常高兴。冯塔纳无法理解他父亲的喜悦。相反，他还反驳了父亲，理由是五万名俄国人必然比一万名波兰人要更强，“如果不是这样，那我一点儿也开心不起来，因为强者应该一直是强者。”在阅读这段话时，我们马上可以得出结论：“冯塔纳是家中最大的孩子！”因为只有年龄最大的孩子才会说出这样的话。冯塔纳记得自己是家里唯一的孩子时所拥有的权力，他认为这种权力被一个比他弱小的人（弟弟或妹妹）夺走是不公平的。事实上，人们已经发现，年龄最大的孩子通常性格比较保守。他们相信权力、规则和牢不可破的法律。他们倾向于坦然地接受对别人的专制和独裁，并且不会向别人道歉。他们对权力的态度是积极的，因为他们自己曾处于这样的位置。

正如我们所说，在年龄最大的孩子中也有一些例外情况。有一个例外情况应该在这里提一下。这种情况涉及一个儿童生活中迄今为止一直被忽视的问题。也就是当一个男孩在有了妹妹之后，情况就会比较糟糕了。人们对那些困惑不已、完全丧失信心的男孩的描述表明，问题出在他有了一个比他更年轻、更聪明的妹妹，而不是他们自己所提到的事实。这种情况发生得如此频繁，这不是一种偶然，它有一个十分合理的解释。我们知道，在当今社会的文明中，男性被认为比女性更重要。家里的长子经常被全家人溺爱，他的父母对他期望很高。他的处境是非常有利的，直到一个妹妹突然降生。这个被宠坏的哥哥，认为她是一个烦人的入侵者，并与她对抗。这种情况促使女孩做出非凡的努力，只要她没有在这个过程中崩溃，那么这种激励就会影响她的一生。女孩迅速地成长吓到了年长的哥哥，他突然发现自己的男性优越感的幻象破灭了，他变得不那么自信了。而且由于大自然的安排，女孩在14—16岁之间，心理和生理发育都比男孩要快，这加剧了男孩的不自信和最终的挫败感。他很容易就失去自信、放弃斗争，给自己找一些看似合理的借口，或者给自己设置障碍，以此作为停止奋斗的借口。

有很多这样的长子，他们感到困惑、没有希望，并且会莫名其妙地懒惰，或者深受精神紧张之苦，背后的原因往往是他们感到自己没有足够的力量与妹妹竞争。这样的男孩有时会对女性怀有一种难以置信的仇恨。他们的命运通常是悲惨的，因为很少有人能够理解他们的处境，并向他们解释这一切。有时这种情况甚至会发展到比较严重的地步，父母和其他家庭成员会抱怨："为什么不是相反的呢？为什么这个男孩不是女孩，为什么这个女孩不是男孩？"

如果家庭里有很多女孩，但只有一个男孩，那么这些男孩身上会有一些共同的特点。如果家里有几个女孩，但只有一个男孩，那么我们很难阻止这个家庭的整体氛围以女性为主。要么家里所有人都很宠爱这个男孩，要么他被家里所有女性排斥。这样的男孩的生理发育情况虽然不同，但他们有一些共同的特征。我们知道，男孩不应该只接受女性的教育的观念是非常普遍的。我们并不是从字面上理解这句话，因为所有的男孩一开始都是由女人抚养的。这里真正的意思是，男孩不应该在女性化的环境中长大。这并不是反对女性气质，而是反对由这种情况导致的错误理解。这也适用于在男性环境中长大的女孩。男孩们通常会看不起女孩，而女孩就会试图模仿男孩，以便取得和他们平等的地位，这对她以后的生活而言是一种不好的准备。

无论我们多么宽容，也不可能认同那些认为女孩应该像男孩一样被抚养长大的观点。我们可以在一段时间里这么做，但男女之间某些不可避免的差异很快就会显现出来。在生活中，男性扮演着与女性不同的角色，这取决于他们的身体结构与女性不同。而这在职业选择中起着一定的作用，那些不满足于自己女性角色的女孩有时会发现自己很难适应专为女性而设的职业。当我们谈到为结婚做准备的话题时，显然对女性角色的教育必须不同于对男性角色的教育。对自身性别不满的女孩会反对婚姻，认为婚姻是对她们个人的贬低，或者如果她们结婚了，也会试图去控制家庭。像女孩一样长大的男孩，在调整自己以适应当代文明时，也会经历很大的困难。

在考虑这一切的时候，我们不应该忘记，一个孩子的生活方式通常是在他四五岁的时候决定的。在这些年里，他必须培养社会情感和适应社会所必需的灵活性。当一个孩子五岁时，他对周围环境的态度通常已经固定了，在以后的生活中，他通常会延续相同的态度。他对外部世界的感知会保持不变，他会困在自己观点的陷阱里，并不停地重复他最初的心理机制以及这种心理机制所带来的有害行为。社会情感的发展往往会受到个人心理视野范围的限制。

第7章 儿童在家庭中的地位

我们可以看到，儿童的发展会与他们在无意识中感知到的自己在环境中所处的地位相一致。我们还可以看到，家中老大、老二和老三的发展各不相同，每个孩子的发展都与其在家庭中的特定位置相一致。儿童早期在家里的排位，可以被看作是对儿童性格发展的一种考验。

儿童的教育不能过早开始。随着儿童的成长，他会制定一套特定的规则或公式来规范自己的行为，并决定他对各种情况的反应。如果孩子还很小，那么这种指导他未来行为的机制可能只有非常轻微的迹象。后来，经过多年的训练，这种行为模式渐渐变得固定。他不再客观地做出反应，而是根据他对过去经验的无意识解释来做出反应。如果他没有正确解读特定的困难，或者错误判断了自己应对特定困难的能力，那么这种错误判断将决定他的行为，再多的逻辑或常识都无法改变他成人后的行为，除非最初的、儿童时期的错误解释得到了纠正。

一方面，在儿童的发展过程中，总存在一些主观因素，也就是儿童的个性，教育者必须对此加以研究。正是这种个性，使得我们在教育一群儿童时无法仅仅使用一般规则。这也是为什么同一规则应用在不同儿童身上出现了不同的结果。

另一方面，当我们看到不同的儿童以几乎相同的方式对同样的情况做出反应时，并不能说这种现象的出现是由于自然法则的作用。实际情况是，人们往往因为缺乏对事物的理解，而犯下了同样的错误。人们通常会认为，当家里另一个孩子出生后，原来的那个孩子会感到很嫉妒。反对这个一般情况的事实是，存在很多例外情况。还有一个原因是，当父母知道了如何让孩子为弟弟妹妹的到来做好准备时，那么孩子也可以去除这种嫉妒。犯了错误的孩子，就像一个发现自己在山前小路上的人。他不知道自己在哪里，该如何前进。当他终于找到了正确的道路，来到下一个城镇时，他会听到人们惊讶地说："几乎所有徘徊在这条道路上的人都会迷路。"孩子们往往都是在如此诱人的道路上犯下错误的。它们看起来很容易通过，因此会吸引这些孩子。

还有许多其他情况，会对儿童的性格发展产生不可估量的影响。我们经常看到，一个家庭里的两个孩子，一个是"好"的，一个是"坏"的。如果我们更仔细地研究一下这个情况，就会发现，那个“坏”孩子心中有强烈的追求优越感的渴望，他想要领导所有其他的孩子，并使用他所有的力量来控制环境。他的哭喊声充斥着整个房间。相比之下，另一个孩子文静、谦虚，深受家人喜爱，并且被当作“坏”孩子学习的榜样。他们的父母不知道应该如何解释同一个家庭中出现的完全相反的情况。通过研究，我们发现，优秀的孩子已经发现，通过他的优秀行为能够获得更多的认可，并在与“坏”兄弟或“坏”姐妹的竞争中获胜。可以理解的是，当两个孩子之间出现这种性质的竞争时，“坏”孩子想要通过比“好”孩子表现更好来超越他是不可能的，因此，他就会在相反的方向上努力，也就是说，他会尽可能地淘气捣蛋。我们的经验是，这些淘气捣蛋的孩子可以变得比他们的兄弟姐妹更优秀。我们的经验也表明，追求优越感的强烈渴望可能会以两种极端的情况表现出来。我们在学校里也看到了同样的现象。

即便两个孩子在相同的条件下长大，我们也不能预测他们长大后会完全相同。何况没有两个孩子会在完全相同的条件下长大。一个表现良好的孩子的性格，很大程度上会受到一个表现不良的孩子的影响。事实上，有很多原本表现良好的孩子后来变成了问题儿童。

有一个例子是，一个 17 岁的女孩，她在 10 岁之前一直是模范儿童。她有一个比她大 11 岁的哥哥，这个哥哥在家里被宠坏了，因为他是 11 年来这个家里唯一的孩子。妹妹出生的时候，男孩并不嫉妒她，他只是继续他之前的行为。当小女孩长到 10 岁时，哥哥开始长时间地离家。于是，她成了家里唯一的孩子。这种情况使她想要不惜任何代价来达到自己的目的。由于她生长在一个富裕的家庭，所以当她还是个孩子的时候，家人很容易满足她的每一个愿望。当她长大后，家人就不可能总是满足她的愿望了，因此她开始表现出不满。在她很小的时候，她就凭借家里的经济信用去借债，不久她就欠了一大笔钱。这仅仅意味着，她选择了另一条路来满足自己的愿望。当母亲拒绝她的要求时，她的好行为就消失了。女孩开始跟家里人不断争吵、哭泣，并且变成了一个令人讨厌的人。

从这个案例和其他类似案例中，我们得出的一般结论是，一个孩子可以通过良好的行为来满足自己对优越感的追求，但我们永远无法确定当情况发生变化时，这种良好的行为是否会继续下去。本书提供的个人心理问卷（附录1）的优势是，它可以使我们更全面地了解儿童和儿童的行为，以及他与周围环境、身边其他人的关系。我们总能从中找到他的生活方式的一些迹象。当我们仔细研究了从问卷调查中获得的关于某个孩子的信息时，就会发现，他的性格特征、情绪情感和生活方式都是他的工具，用来追求优势，增加自己的价值感，并在他的世界里获得威望。

我们在学校里经常看到一种儿童，他们的表现似乎与这种描述不符。他们懒惰，沉默寡言，对知识、纪律或惩罚无动于衷，活在自己幻想的世界里，从未表现出对优越感的追求。然而，如果我们有足够的经验就可以知道，这也是一种追求优越感的方式，尽管这种方式看起来很荒谬。这样的孩子不相信自己有能力通过一般的方式取得成功，因此他回避了所有取得成功的一般手段和机会。他把自己孤立起来，给人一种性格冷酷的印象。然而，这种冷酷并不是他人格的全部。在这种冷酷的背后，人们通常可以看到一个异常敏感、发抖战栗的灵魂，它需要这种外在的冷酷来保护自己不受伤害。他把自己包裹在盔甲里，因而任何东西都不能靠近他。

当我们可以找到一种方法来吸引这种类型的儿童开口说话时，就会发现，他们非常专注于自己，沉浸在白日梦或幻想中，想象自己表现得很成功、很出众。现实与这些孩子的白日梦相去甚远。他们假装自己是英雄，征服了所有其他人；或者想象自己是暴君，剥夺了其他人的权利；或者假装自己是救助苦救难的殉道者。我们经常发现，儿童常常会有扮演救世主的倾向。这不仅体现在他们的白日梦中，也体现在他们的日常行为中。当现实中有另一个孩子处于危险之中时，这些孩子可以奋起营救。孩子们通过在白日梦中扮演救援者，来训练自己为现实中的角色做好准备。只要没有失去勇气，机会来了他们就可以在现实中扮演救援者的角色。

某些白日梦会不断地出现。在奥地利的君主制时期，很多儿童都做过拯救国王或某个王子于危难之中的白日梦。当然，他们的父母永远不会知道孩子有这样的想法。我们所看到的是，那些做很多白日梦的孩子常常无法适应现实，也不能使自己成为一个对社会有用的人。在这种情况下，幻想和现实之间存在着巨大的鸿沟。孩子们有时会选择中间道路：他们一边保留着自己的白日梦，一边对自己做出一些调整，以让自己适应现实。还有一些儿童选择不做任何调整，他们越来越脱离现实世界，而进入一个他们自己创造的私人世界。还有一些儿童完全抛开了想象的世界，而使自己彻底地进入现实世界——他们感兴趣的只有旅行故事、打猎故事或历史故事等。

毫无疑问，儿童既应该有一些想象力，也应该有意愿接受现实，但我们不要忘了儿童看待这些事情并不像我们一样容易，他们倾向于将世界划分成两个完全相反的极端。在理解儿童的过程中，我们应该牢记的一个重要事实是：

他们有一种强烈的倾向，把一切事物都划分成对立的两面（比如高或低、全好或全坏、聪明或愚蠢、高级或低级、全有或全无）。成年人有时也会使用这种对立的认知策略。众所周知，我们很难摆脱这种思维方式。例如，我们会把冷和热视为相反的情况，即便我们知道，科学上它们之间唯一的区别就是温度不同。我们发现这种对立的思维不仅经常出现在儿童中，而且也出现在哲学学科刚刚起步的时期。早期的希腊哲学被这种对立思想所主导。即使在今天，几乎所有业余的哲学家都试图用对立的方式来衡量各种价值观。他们中的一些人甚至建立了公式化的对立——生－死，上－下，男－女，等等。儿童身上的这种幼稚的思维方式和古老的哲学思维之间存在着大量相似之处，因此我们可以认为，那些习惯于将世界划分为鲜明的对立面的人，仍然保留着小时候的思维方式。

按照这种对立方式生活的人，他们内心有一个公式，可以用“要么全有，要么全无”这句格言来形容。当然，他们是不可能在这个世界上实现这样的理想的，但是尽管如此，他们会根据这条准则来调节自己的生活。对人类来说，不可能要么拥有全部，要么一无所有。在这两个极端之间，还存在着无数的等级。我们发现，这样的思想主要存在于这样的儿童身上：他们有深深的自卑感，同时会通过变得越来越有野心来作为一种补偿。历史上可以找到几个这样的人物，例如恺撒，他在谋求王位时被他的朋友谋杀了。儿童的许多怪癖和性格特征，例如倔强固执，都可以追溯到“要么全有，要么全无”的思想。在儿童的生活中，有太多的证据可以证明这一点。因而，我们可以得出这样的结论：这些孩子已经形成了一种属于自己的哲学，或者一种违反常识的个人理解。我们可以举一个非常固执的4岁小女孩的例子来进行说明。有一天，妈妈拿了一个橘子给她，小女孩接过去，扔在地上，说：“你给我，但我并不想吃。我想吃的时候，自己会去拿的！”

那些懒惰的孩子，当然不可能拥有一切，因而他们会越来越退回到自己虚无的白日梦、幻想和空中楼阁中去。然而，我们不能草率地认为这些孩子已经无可救药了。我们非常清楚，天性敏感的人很容易脱离现实，回到自己创造的世界，这可以给他们提供一定的保护，以免受到进一步的伤害。但这种退缩并不一定意味着他们完全不适应社会。不仅是作家和艺术家，即使是科学家，也需要与现实保持一定的距离，因为科学家也需要丰富的想象力。在白日梦中唤起的幻想，只不过是个人为了避免生活中的不愉快和可能的失败，而试图采取的迂回手段。我们不要忘记，正是那些拥有丰富想象力，并且能够将幻想与现实结合起来的人，才能成为人类的领袖。他们成为领袖，不仅因为他们接受了更好的教育，拥有更敏锐的观察力，而且因为他们勇敢地面对生活中的困难，并克服了这些困难。很多伟大人物的传记常常显示，尽管他们并没有为现实做多大贡献，小时候也是差生，但他们确实培养了一种观察周围情况的非凡能力。因此，一旦条件变得有利，他们的勇气就会被激发出来，使他们面对现实，并开始战斗。当然，对于如何把孩子培养成伟大的人，并没有规律可言。然而，最好记住，我们绝对不能粗暴地对待孩子，我们必须总是鼓励他们、试着向他们解释现实生活的意义，这样他们就不会在幻想和现实之间产生割裂感。

第8章 新处境对心理的考验

从某种意义上说，人格的所有表现在任何时候都是联系在一起的，因此精神生活不仅是一个统一体，也是一个连续体。人的性格特征会随着时间推移逐渐清晰，而不会突然出现转变。现在和将来的行为表现总是与过去的性格相一致的。这并不是说个人生活中的事件是由过去和遗传机械地决定的，但它确实意味着未来会和过去保持一致，而不会出现中断。我们不可能一夜之间脱胎换骨，尽管我们从不清楚真正的自我是什么样的。也就是说，我们永远不知道自己的全部潜力如何，直到我们把这些能力都表现出来。

这种人格具有连续性而非机械决定论的观点，不仅使得教育和改进成为可能，而且也意味着，我们可以在任何给定的时间探索性格发展的状态是什么样的。当一个人进入一个新环境时，他隐藏的性格特征就会显露出来。如果我们可以直接对个体进行实验，那么就可以通过让他们经历新的和意想不到的情境，来探明他们的性格发展状态。

他们在这种情况下的行为反应必定与他们过去的性格相一致，并以一种平常情况下无法做到的方式揭示了他们的性格。

对于儿童而言，当他们离家上学时，或者当他们的家庭境况突然改变时，我们或许可以获得了解他们性格特征的最好机会。这时，儿童性格上的局限就会清晰地显露出来，就像照相底片上的图像在放入显影液后显露出来一样。

我们曾有机会观察一个被收养的孩子。他屡教不改，脾气暴躁，谁也不知道他下一步会做什么。当我们和他说话时，他回答得牛头不对马嘴。他讲的都是与我们的问题无关的事情。当我们分析了整个情况后，认为：这个孩子已经在他的寄养家庭待了好几个月了，但他依旧对养父母保持敌对的态度，结论就是他不喜欢生活在养父母家里。

这是我们能从中得出的唯一结论。他的养父母一开始摇摇头，说他们对这个孩子很好，实际上比他以前得到的任何待遇都好。但这并不能决定什么。我们经常听到父母说："我们对孩子用尽了所有的方法，不管是温柔的还是严厉的，但都没有用。"善待孩子本身是不够的。有些孩子对别人的善意反应比较积极，但我们千万不要以为这代表着我们已经改变了他们。他们相信自己在这段时间内暂时处于有利地位，但他们认为基本情况并没有发生改变，随着这种善意的消失，他们会立刻回到以前的状态。

我们需要了解的是这个孩子的感受和想法，知道他如何理解他的处境，而不是他父母的想法。我们向他的养父母指出，这个孩子和他们在一起并不幸福。我们无法告诉他们，孩子这样的态度是否合理，但一定发生了什么事，引起了孩子的这种仇恨感。我们告诉养父母，如果他们觉得自己没有能力纠正这个孩子的错误，赢得他的喜爱，那么他们最好把他交给别人抚养，因为他总是会反抗那些他感受到的束缚。后来我们听说这个男孩真正变得非常暴躁易怒，人们认为他真的很危险了。温和善意的对待可能会使这个孩子感觉稍微好一些，但这是远远不够的，因为他不知道其中的缘由。当我们得到了更多的信息后，整个情况才变得清晰起来。真正的原因是，他和养父母的孩子一起长大，他认为养父母不像关心自己的孩子那样关心他。这当然不是这个孩子发脾气的理由，但他想要离开这个家，因此，凡是能促进他的愿望达成的行为，他都认为是合适的。他很聪明地按照他为自己设定的目标行动，因而我们可以认为他不存在任何可能的智商问题。这个家庭花了一段时间才意识到，如果他们觉得自己无法改变他的行为，那么就不得不把他送走。

如果我们因为孩子犯了类似的错误而惩罚他，那么对他来说，这种惩罚就是继续反抗下去的很好的理由。这让他确信自己的反抗是正确的。我们得出这样的观点是有充分根据的。从这一点我们可以看出，儿童所有的错误都只能被理解为与环境做斗争的结果，是他面对一个他没有做好准备去应对的新局面的结果。尽管这些错误很幼稚，但我们不会感到惊讶，因为我们在成年人的生活中也会看到同样幼稚的表现。

我们几乎没有探索过人类的手势和一些不张扬的表达形式所代表的意义。也许没有人比教师更有优势把所有这些表达方式整理出来，并研究它们之间的联系和它们的起源。我们必须记住，同一种表达方式在不同的场合可能有不同的含义；两个做着相同事情的孩子，表达的意义却完全相反。此外，问题儿童即便有相同的心理问题，他们的表达方式也是多种多样的。简而言之，通向某个目标的道路不止一条。

在这里，我们不能从常识的角度来判断对与错。当孩子们犯错时，可能是因为他们的目标错了。因此，为了这个错误的目标而努力的行为也是错误的。人类的本性中有一个特点：尽管犯错误的可能性有千万种，但背后的真理却只有一个。

有几种表达形式，虽然在学校没有得到关注，但非常有意义。例如，睡眠中的姿势。一个有趣的例子是，有一个 15 岁的男孩受幻觉困扰。这个幻觉是，当时奥地利的皇帝弗朗西斯 · 约瑟夫一世（Francis Joseph I）已经去世了，他的魂魄出现在男孩面前，命令他组织一支军队去攻打俄国。晚上我们去他的房间观察他如何睡觉时，看到了一个惊人的画面——他以拿破仑的那种睡姿躺在床上。第二天我们见到他时，他的姿势很像他睡觉时摆出来的军人的姿势。他在幻觉时和清醒状态时的联系似乎相当清楚。我们引导他交谈，试图使他相信皇帝还活着，但他不愿意相信。他告诉我们，他在咖啡馆招待客人时，总是因为身材矮小而被取笑。当我们问他是否认识和他走路姿势一样的人，他想了想说："我的老师，迈耶（Meier）先生。"看来我们的猜测是正确的，我们可以把迈耶的形象想象成另一个身材矮小的拿破仑，以此来解释这种幻觉。更为重要的是，这个男孩告诉我们他想成为一名教师。迈耶老师是他最喜欢的老师，他希望模仿他的一切。总之，这个男孩的整个生命故事，都在他的睡眠姿势中概括了出来。

一种新的处境，是对儿童是否做好心理准备的考验。如果一个孩子已经做好了充分的准备，他就会满怀信心地面对新的情况。如果他没有做好准备，一个新的处境就会让他感到紧张，从而导致一种无能的感觉。这种无能的感觉会扭曲儿童的判断能力，从而使他做出不真实的反应。也就是说，这种反应与新处境对他的要求不符合，因为它不是基于社会情感产生的反应。换句话说，一个孩子在学校的失败，不仅要归因于学校教育体系的不足，也要归因于儿童的准备不足。

我们必须研究这种新处境，并不是因为我们认为它是儿童情况恶化的原因，而是因为我们知道它清楚地表明了儿童的准备不足。每一种新的处境，都可以看作是对儿童心理准备情况的考验。

在这方面，我们可以再次从问卷中找出一些要点来讨论（见附录1）。

1. 儿童是从什么时候开始出现问题的呢？我们的注意力很快就被吸引到一个新处境上。当一位母亲说她的孩子上学前一切都很好时，那么她告诉我们的信息比她自己真正理解的还要多。对儿童来说，学校生活太难应对了。但如果母亲说“问题已经有三年了”，那么我们还要知道更多的信息才行。我们要知道三年前孩子的处境或者他自己的身体状况发生了什么变化。

儿童自信心减弱的第一个迹象，常常表现在他无法适应学校生活。最初的失败往往得不到足够的重视，而这对儿童而言可能意味着一场灾难。我们必须知道一个孩子是否经常因学习成绩不好而挨打，以及这些分数或挨打对他追求优越感的努力而言有什么影响。孩子可能会相信自己无法取得成就，尤其当他的父母习惯说“你将一事无成”或“你不会有好结果的”之类的话时，更是如此。

有些儿童会被失败所激励，有些儿童则因失败而一蹶不振。对于失去信心的孩子，我们必须鼓励他们相信自己，并对未来有信心。我们必须温柔、耐心、宽容地对待他们。

对性别的生硬解释可能会使孩子感到震惊，不知所措。兄弟姐妹的巨大成功也可能会阻止他进一步努力。

2. 这种情况以前明显吗？这个问题的意思是，儿童在处境变化之前，是否有明显的准备不足？对于这个问题，我们得到了各种各样的答案。“这孩子很不整洁”，这意味着母亲过去习惯于什么都替他打理。“他一直很胆小”，这意味着他一直很依赖家人。当一个孩子被描述为虚弱的时候，我们可能会认为：他生来就有身体缺陷，并且因为身体缺陷而被家人宠坏了；或者他也可能因为长相丑陋而被忽视。这种情况也适用于存在智商缺陷的孩子。他可能发育得很慢，所以家人会怀疑他是否智商低下。即便他后来摆脱了这种情况，可能仍然保留着自己被纵容或被限制的感觉，而这些感觉会使他在应对新处境时感到十分困难。如果家长告诉我们这个孩子既胆小又粗心，我们可以知道，他肯定因此获得了别人的关注。

教师的首要任务是赢得儿童的信任，之后是培养他的勇气。当一个孩子表现得很笨拙时，老师必须先判断他是不是习惯用左手。如果孩子的笨拙已经达到了很夸张的程度，老师就应该了解孩子是否完全理解自己的性别角色。在女性化的环境中长大的男孩，他们会避免与其他男孩交往，因为他们常常被同伴嘲笑，也经常被当作女孩对待——这样的男孩习惯了扮演女孩的角色，而且长大后内心会产生相当激烈的心理冲突。他们忽略男性和女性之间的生理性别差异，并相信改变自己的性别是可能的。但他们最终会发现自己的身体结构是不可改变的，并试图通过发展异性的心理特征来补偿他们自身的性别差异。他们会在穿着打扮和举手投足之间表现出这些倾向。

有些女孩会对女性的职业产生厌恶，主要原因是她们认为这种工作毫无价值，这种观念实际上表明了我们文化的不足。男性拥有的特权，女人却无法拥有，这样的传统仍然存在。我们的文化显然是对男性有利的，它允许男性拥有自己认为应该拥有的某些权利。在许多国家，儿子的出生比女儿的出生更能让人们感到快乐。这无疑对男孩和女孩都产生了有害的影响。自卑的刺很快刺痛了女孩，而男孩则背负了过度的期待。女孩在发展中受到了限制。在有些国家，这种限制已经不再那么明显，例如美国。但在社会关系方面，即便在美国也还没有达到平衡。

在这里，我们关注的是反映在儿童身上的整个人类心理。接受和认可女性的角色涉及一些困难，这些困难有时会引发女孩的反抗。这种反抗经常表现为任性、倔强、懒惰等，所有这些都与追求优越感有关。当这些征兆出现时，老师必须弄清楚这个女孩是否对自己的性别感到不满意。

这种特殊的不满可能会扩展到其他领域，使得生活总体上成为一种负担。有时我们会遇到一些女孩表示希望能够生活在另一个星球上，在那里没有性别差异。这种错误的思维可能会导致各种荒谬的言论，或者完全的冷漠、犯罪，甚至自杀。对此进行惩罚和冷漠对待，只会增强这种不满。

如果儿童以一种不那么突兀的方式了解到男性和女性之间的差异，并被教导男女有同等的价值，那么这种不幸的情况是可以避免的。通常情况下，父亲在家里似乎都处于优势地位。父亲往往拥有家庭财产，制定家庭规则，并对妻子进行指导和解释，做出家庭决策。家中的男孩总是试图超越女孩，通过嘲笑和批评，使她们对自己的性别感到不满。心理学家认为，男孩的这些行为是源自他们自身的软弱。他实际能做某事和他看起来能做某事之间是完全不同的。那些认为女性至今还不能做出伟大成就的论点是毫无意义的。迄今为止，女性还没有被培养去做这些伟大的事情。男人把袜子交给女人修补，并试图让她们相信那就是她们的工作。这种做法已经得到了一些改变，但我们今天培养女孩的方式并没有表明我们对她们有什么特殊的期待。

阻碍她们做好准备，并且批评她们没有取得男性那样的成绩，这是一种短视的做法。想要改善这种状况并不是很容易，因为不仅是父亲，连母亲也认为男性特权是正当的，并以此理念来养育子女。他们教导孩子，男性特权是正当的，男性可以要求别人服从他们，而女性则需要顺从。儿童应该尽早知道他们属于哪一性别，而且了解自己的性别是不可改变的。正如我们已经说过的，女性已经对男性自以为是的权威和优越感产生了怨恨之情。这种情感是如此强烈，以至于女性拒绝接受自己的性别，而努力使自己像一个男人，个体心理学将这种现象称为“男性钦羡”（masculine protest）。如果出现一些次级症状，如畸形或发育不全，常常会导致成年人在解剖学意义上怀疑自己的性别（如女性出现了男性性征，男性出现了女性性征）。这些信念有时根深蒂固，与生理上的缺陷有关。生理结构没有发育成熟的情况，在男性身上比在女性身上表现得更明显，人们往往会评论这样的男性有女性化的特征。这种说法其实并不准确，因为这种男性更像一个孩子。一个身体没有发育完全的男性，常常会感到自己十分自卑，因为在我们的文化中，人们对男性的普遍理想是——发育成熟，而且成就必须要超过女性。对于一个女性而言，如果发育不完全或长得不够美丽，也常常导致她们对生活问题的厌恶，因为我们常常过度重视美丽。

性情、气质和情感往往被称为第三性征。性格敏感的男孩被形容为“阴柔”，沉着自信的女孩被称为“像男人”。这样的特质并不是天生的，而是后天习得的。这些童年早期的特征，我们长大后还是会记得。成年人往往会认为他们在童年时期很古怪，要么很沉默，要么男孩表现得像女孩（或者相反），当然这要视情况而定。他们都在根据自己对性别角色的理解而发展。更进一步的问题是，孩子的性发展和性经验已经发展到什么程度了。这也意味着，我们认为孩子在特定的年龄段需要对此有一定的理解。应该说，至少有 90% 的孩子，当父母或老师最终向他们解释性方面的问题时，其实他们早就知道这些内容了。关于性方面的问题如何解释并没有硬性规定，因为我们无法预测一个孩子会接受或相信什么样的解释，也无法预测这种解释会对他产生什么影响。当孩子要求得到解释时，我们应该在仔细考虑孩子当时的情况后再给出解释。我们不建议过早地进行解释，即使它并不总是有害的。

被收养的孩子或者继子女的问题也是一个困难的问题。这两类孩子会认为被好好对待是理所当然的，并将父母所有的严厉管教都归咎于他们特殊的家庭地位。有时，一个失去母亲的孩子会非常依恋父亲。过了一段时间，当父亲再婚后，这个孩子就会觉得自己被抛弃了，并拒绝与继母成为朋友。有趣的是，我们注意到，有一些孩子会把他们真正的父母视为继父继母，这暗含着他们对父母严厉批评的抱怨和不满。在很多童话故事中，继父母都是邪恶的角色，因此在现实中也获得了一个坏名声。我们可以顺便说一下，童话故事并不是儿童最好的读物。当然完全禁止童话故事是不可能的，因为孩子们也从中学到很多关于人性的东西。但是，最好能在一些故事后面加上正确的评论，这样就可以防止儿童阅读那些描写得十分残酷或扭曲幻想的故事而产生不良影响。那些描述强壮的男人做残酷的事情的童话故事，曾被用来鼓励儿童读者变得坚强，消除心中柔软的情感，这是一个错误的观念，源自我们的英雄崇拜。男孩子认为表现出同情心是没有男子气概的做法。我们难以理解的是，为什么温和的情绪会受到蔑视，因为如果不被滥用的话，这种情绪无疑是有价值的。——当然，任何情绪都有可能被滥用。

私生子的处境也极为艰难。毫无疑问，让女人和孩子背负这种不符合道德规范的恶名，而男人却逍遥法外，这是不对的。其中付出最大代价的当然是孩子。无论人们如何想帮助这样的孩子，都不可能阻止他们感到痛苦，因为他们的常识很快就会告诉他们“这一切都不正常”。他们被同伴嘲笑，国家的法律使他们处境艰难，甚至他们身上的法律烙印都是非法的。由于敏感，他们很容易与人争吵，并发展出一种对世界的敌对态度。在每一种语言中，都有一些丑陋的、侮辱性的和令人痛苦的词语来贬低私生子。这就不难理解，为什么问题儿童和罪犯中有那么多私生子和孤儿了。我们不可能将私生子或孤儿的这些反社会倾向归因于先天的或遗传的性格。

第9章

儿童在学校的表现

当一个孩子进入学校后，他发现自己进入了一个对他来说全新的环境。和所有新处境一样，入学可以被视为对之前准备情况的一次考验。如果孩子得到了适当的训练，他就能以正常的方式通过测试；否则，他准备方面的不足就会彻底暴露。

我们通常不会在一个孩子进入幼儿园或小学时就记录下他的心理准备情况，但是如果有这样的记录，将会对揭示他在成人生活中的行为有很大的帮助。这种“新情境测试”将比普通的学业成绩更具启发性。

当儿童上学时，学校对他有什么要求呢？他需要与老师合作、与同学合作，并对学校的科目感兴趣。通过儿童对新环境的反应，我们可以判断出他与人合作的能力如何以及他的兴趣范围在哪里。我们可以知道孩子对什么科目感兴趣，对另一个人说的话是否感兴趣，甚至是否对一切都感兴趣。我们可以通过研究他的态度、姿势、眼神，倾听的方式，来判断他是以友好的方式接近老师，还是以敌意的态度远离老师。

我们可以通过一个个案来说明这些细节是如何影响一个人的心理发展的。有个人因为他在职业上的困难去找心理医生咨询。回顾他的童年时，心理医生发现，他家里的其他孩子都是女孩，只有他是男孩，他的父母在他出生后不久就去世了。到了上学的时候，他不知道该去女子学校还是男子学校。最后他被姐姐们说服，进了女子学校，但在很短的时间内就被学校开除了。我们可以想象一下这件事给他带来的心理影响。

孩子对学校科目能否专心，很大程度上取决于他对老师的兴趣。让孩子专心听讲，并能发现孩子什么时候不够专心或不能集中注意力听讲，是教学艺术的一部分。有很多孩子刚入学时根本没有任何集中注意力的能力。他们常常是在家里被宠坏的孩子，当发现学校里有那么多陌生人，他们会感到不知所措。如果老师碰巧有点严厉，那么这个孩子看起来就像没长记性似的。但是，这种记忆力缺乏并不像人们通常认为的那样简单。一个被老师责备为健忘的孩子，却记得很多其他事情。他在被溺爱的家庭环境下，甚至能够完全集中注意力。他的注意力放在渴望被宠爱上，而不是放在学习上。

如果这样的孩子在学校里表现不好，成绩糟糕，考试不及格，那么批评或责备他都是没有用的。批评和责备不会改变他的生活方式，相反会使他相信自己不适合上学，并使他产生悲观的态度。

值得注意的是，在家里被宠坏了的孩子一旦得到老师的喜爱，往往会变成非常优秀的学生。当他们在学校找到自己很大的优势时，可以表现得很好。不幸的是，我们不能保证他们在学校里总能受到老师的宠爱。如果孩子换了学校或换了老师，甚至在某一学科上没有取得进步（数学对娇惯的孩子来说是一门很难的科目），他就会突然停滞不前。他无法继续前进，是因为他已经习惯了有人帮他把周围的一切都安排得轻松和容易。他从来没有被训练去努力奋斗，也不知道该怎么奋斗。他没有耐心面对困难，也不会通过有意识的努力让自己前进。

现在，我们应该可以明白为上学做好准备是什么意思了。在孩子准备不充分的案例中，我们总能看到母亲的影响。我们可以理解，妈妈是第一个唤醒孩子的兴趣的人，因此她有着至关重要的责任，将孩子的兴趣引导到健康的方面去。如果她经常没有履行自己的责任，那么这种不良影响带来的结果将在孩子的学校表现中显现出来。除了母亲的影响，还有其他复杂的家庭影响因素，比如父亲的影响、孩子之间的竞争，这些我们在前面的章节中已经分析过了。此外，还有外界的影响，比如糟糕的环境和偏见，这些内容我们将在下一章中详细讨论。

简而言之，所有这些情况都导致了儿童的入学准备不足，因此仅仅根据学业成绩来评价一个孩子的表现是愚蠢的。相反，我们应该将学习成绩视为融合了诸多影响因素的儿童心理状况的反映。他得到的分数并不重要，重要的是这些分数传递出来的内容，比如他的智力、兴趣、专注能力等。学业考试应该被理解为诸如智力测试这样的科学测试，尽管它们存在结构上的不同。这两种测试的重点都应该放在孩子的思想所揭示的东西上，而不是他们写下了多少正确答案。

近些年，所谓的智力测试有了很大的发展。它们对教师有很大的影响，也是很有价值的，因为它们揭示了普通考试无法揭示的东西。有时，它们也被证明可以拯救孩子。一个男孩的学习成绩很差，老师想让他降级，但他的智商测试显示他应该归于一个更高的年级。最后，这个孩子非但没有降级，反而跳了一级。他感到自己非常成功，此后的行为也表现得大为不同。

我们不希望低估智力测试和智商（IQ）测试的功能，但我们必须说，当使用这种测试时，无论是父母还是孩子都不应该知道测试的结果，因为父母和孩子都不知道智力测试的真正价值。他们以为，测试分数代表了一个最终的、完整的结论，表明了儿童未来的命运，而被测试儿童以后的发展会受到这种分数的限制。事实上，如果把智力测试所揭示的结果当作绝对结论，很容易遭到批评。在智力测试中得到高分，并不能保证以后的生活会获得成功，而很多成功的成年人在智力测试中的得分并不高。

个体心理学家的经验是，虽然智力测试显示了儿童的智力严重不足，但只要找到正确的方法，就可以提高分数。其中一种方法是让儿童玩特定的智力测试，直到他找到正确的答题技巧，并为参加这样的测试做好准备。通过这种方式，孩子就能取得进步，积累经验。在随后的测试中，他就会取得更好的成绩。

学校的日常教学如何影响儿童，他们是否受到繁重的学校课程的压制，这些都是很重要的问题。我们并没有低估学校课程的重要性，也不认为应该减少学校所教科目的数量。当然，重要的是要以连贯的方式教授这些课程，这样孩子们才能看到这些课程设置的目的和实践价值，而不是把它们视为纯粹的抽象和理论的东西。我们是应该教孩子学习科目和客观事实，还是应该培养孩子的个性？关于这个问题，现在有很多的讨论。个体心理学认为，这两者是可以结合的。

正如我们已经说过的，学校教授的科目应该变得既有趣又实用。数学（算术和几何）应该结合建筑的风格和结构，以及可以住在里面的人数等来教授。有些科目可以一起教。在一些比较先进的学校里，有一些教学专家，他们知道如何将不同学科联系起来讲授。他们和孩子们一起散步，试图发现孩子们对哪些科目更感兴趣。他们会把不同科目的教学联系起来，例如，他们讲授某种植物时，会将植物的历史、国家的气候等结合起来。通过这种方式，他们不仅激发了原本对这些科目没有兴趣的孩子的兴趣，而且给了孩子一种融会贯通地学习事物的方法，而这也正是所有教育的最终目标。

教育工作者不能忽视的是，上学后儿童会觉得自己需要与别人展开竞争。我们很容易理解为什么这一点很重要。理想的学校班级应该是一个整体，每个孩子都觉得自己是整体的一部分。老师们最好将这种竞争和个人野心限定在一定的范围内。孩子们不喜欢看到别人超过自己，他们要么努力超越竞争对手，要么陷入沮丧失望中，对事物的看法不再客观。这就是为什么老师的建议和指导如此重要，老师一个适当的话语，就可以将孩子的注意力从竞争转移到合作上来。

在这方面，在班级里实施改良后的班级自治制度是有帮助的。我们不必等到孩子们完全准备好自我管理后才制订这类计划。我们可以让孩子们一开始就观察制度的执行情况，或者让他们以顾问的方式参与进来。如果在没有准备的情况下给予孩子们完全的自治，我们会发现他们在惩罚方面会比老师更严厉、更严格，甚至他们会利用自己的组织身份来谋取个人的好处和优越感。

关于儿童在学校的进步，我们必须同时考虑到老师的意见和孩子们的观点。有趣的是，孩子们在这方面有很好的判断力，他们知道谁的拼写最好、谁的绘画最好、谁在运动方面最好。他们可以很好地评价对方。有时他们对别人不太公正，但他们会意识到这一点，并努力做到公正。他们遇到的最大困难是他们会贬低自己，会认为“现在，我永远也赶不上别人了”。这是不正确的，他们完全可以迎头赶上。老师必须指出他们在判断上的错误，否则这些想法将成为孩子一生都摆脱不了的错误观念。有这种固定观念的孩子将永远不会进步，只能永远待在原地。

绝大多数学龄儿童的成绩几乎会维持不变：不管是成绩最好的、最差的或平均水平的，他们都倾向于保持这种状态。这种状态与其说是大脑发育水平的反映，不如说是心理态度的惯性作用。这是一种迹象，表明孩子们在最初几次挫折后，限制了自己，不再像之前那么乐观。但是，孩子成绩的相对位置会发生变化，这个事实也很重要，它表明儿童的智力发展并不会受到宿命论的限制。孩子们应该理解这一点，并由老师带着去了解如何在自己身上运用这个道理。

教师和儿童都应该摆脱一种迷信观念，即智力正常的孩子取得的成绩都应该归因于特殊的遗传。这种相信能力是可以遗传的观念，也许是儿童教育方面所犯的最大的错误。当个体心理学家第一次指出这一点时，人们认为这只是我们的一种乐观猜想，而不是基于科学的一般原理。但是现在，越来越多的心理学家和精神科医生开始接受这一观点。遗传太容易成为父母、老师和孩子的替罪羊。每当遇到需要努力克服的困难时，他们总是可以以遗传为借口，来减轻他们做事的责任。但是，我们没有权利逃避我们的责任，对于任何可能使我们免于责任的观点，我们都应该始终保持怀疑态度。

任何一个相信自己工作的教育价值、相信教育可以对人格进行训练的教育工作者，都不会接受这种遗传学说。在这里我们并不是说生物方面的遗传。我们知道，器官缺陷甚至是器官功能的差异都是可以遗传的。但是，连接生理功能和心理能力的桥梁在哪里呢？在个体心理学中，我们坚持认为，心灵也体现了各个器官所具有的能力，并且它的发展会与生理的发展一致。有时，心灵对这种生理功能的负担过重，会被某些器官的缺陷吓到，以至于在器官上的缺陷被消除之后，这种恐惧还会持续很长时间。

人们总是喜欢追溯事物的起源，寻找一些现象产生的根源。但是，我们经常使用的这种评价人的成就的方式，其实是非常误导人的。这种做法的常见错误是，我们忽略了大多数祖先，忘记了如果我们要构建家谱的话，每一代人都会有两个父母。如果我们追溯五代的话，我们将有 32 位祖先，那么毫无疑问，我们可以从这 32 位祖先里面找到一个聪明人，然后把后代的聪明才智归功于他的遗传。如果我们追溯十代人的话，我们将有 1024 位祖先，那么毫无疑问，我们至少能在这些人中找到一位非常能干的人（有可能更多）。我们也不能忘记，一个非常能干的祖先给这个家族定下来的“家规”具有类似于遗传的作用。因此，我们就可以理解为何有些家庭比其他家庭出现了更多有能力的人。这并不是遗传，这只是一个非常明显而且简单的事实。我们只需要想一下，过去欧洲的孩子被要求继承父亲的职业，我们就知道这不是遗传在起作用。

除了关于遗传的错误观念之外，儿童教育中最大的困难就是因成绩不佳而受到惩罚。如果一个孩子的学习成绩不好，他会发现自己也不太受老师的喜欢。因此，他在学校很苦恼，回到家还要遭受另一番景象，也就是父母的责备。他被父母责骂，而且还可能经常挨打。

学校老师应该记住一份糟糕的成绩单所带来的后果。有些老师认为，如果孩子不得不带回家一份糟糕的成绩单，那么孩子在学校就会更努力地学习，但是这些老师忘记了一些特殊的家庭情况。在有些家庭里，孩子从小就在父母相当严厉的管教中长大，这样的孩子在把糟糕的成绩单带回家前会再三考虑。结果他可能不再上学了，或者他可能陷入极端的绝望情绪——因为害怕他的父母而选择自杀。

虽然教师并不需要对学校制度负责，但只要有可能，教师最好用个人的同理心和对学生的理解来缓和学校制度里没有人情味的严厉之处。例如，对于成长于特殊家庭环境的孩子，老师可以表现得温和一点，多鼓励他，而不是把他逼上绝路。一个孩子如果成绩总是不好，而且不断地听到别人说他是学校里成绩最差的孩子，那么他也会这么看待自己，而且心里会有一种沉重的负担。如果我们设身处地地想象一下这个孩子的处境，我们就很容易理解为什么他不喜欢上学了。这也只是人性使然。如果有个人，在他所处的环境总是成绩差劲、受到批评，而且失去了追赶的信心，那么他不会喜欢这个地方，而且会试图逃离。因此，当我们看到这样的孩子逃学时，就不会感到意外和不解了。

虽然我们不应该对这样的事件感到惊慌，但应该认识到它的严重性。我们应该意识到这意味着一个不好的开始，尤其是当它发生在青春期的时候。这些孩子都很聪明，他们会通过伪造成绩单、逃学等方式来保护自己。这样一来，他们可能会遇到自己的同类，并组成团伙，最终走向犯罪的道路。

如果我们接受个体心理学的观点，即没有孩子是无可救药的，那么所有这些都可以避免。我们必须认识到，我们总能找到帮助孩子的方法。即使在最糟糕的情况下，也总会有特殊的办法来帮助他们，但这种方法需要我们努力去寻找。

关于让孩子留级所带来的不良后果几乎不言而喻。老师会同意，一个留级的孩子对学校和家庭来说都是一个问题。可能不是每一个孩子都是如此，但例外的情况非常少。大多数留级的学生会多次留级，他们的成绩总是很落后，他们的问题总是被学校和老师回避，而且从未得到解决。

什么情况下应该让孩子留级是一个很难回答的问题。但有些老师成功地避免了这个问题。他们利用假期来训练孩子，找出他生活方式中的错误并加以纠正，这样他们就能顺利地进入下一个年级。如果我们在学校里设立专门的辅导老师制度，那么这种方法就可以得到更广泛的应用。我们现在有社工和家访教员，唯独没有辅导老师。

在德国，并不存在家访教员制度。在我们看来，好像也并不一定要有这样的教师。公立学校的班主任就能很好地观察孩子。如果他的观察正确，他就可以比别人更了解这个孩子。有一些人说，班主任不可能了解每个学生，因为班级人数太多了。但如果班主任观察一个孩子入学时的表现，就能很快看出他的生活方式是什么样的，从而避免许多问题和困难。即使班级人数众多，班主任也能做到这一点。

如果班主任理解这些孩子，相比不理解这些孩子的人而言，他就能把一大群孩子教育得更好。人数过多的课堂不是一件好事，我们应该加以避免，但这并不是不可克服的障碍。

从心理学的角度来看，最好的办法是教师不要每年都换，而是能够跟进年级。如果一个老师能和同一批孩子相处两年、三年或四年，那么这对每个人来说都是一个巨大的优势。这样老师就有机会更深入地了解所有的孩子。他将能够知道每个孩子的生活方式中的错误，并纠正它们。

儿童经常会跳级。这样做是否有利于孩子的发展还有待商榷。通过跳级，他们常常被寄予过高期望，但他们往往不能满足这些期望。如果一个孩子的年龄相对于他的年级来说已经太大了，那么我们应该考虑让他跳级。如果一个孩子以前成绩落后，后来进步明显，也应该考虑让他跳级。跳级不应该被当作对成绩更好或知道得比别人多的学生的奖励。一个聪明的孩子，如果能把时间花在课外学习上，比如绘画、音乐等，会对他更有帮助。聪明的孩子用这种方式学到的东西对整个班级都有好处，因为他会激励班里的其他同学。把一个班里的好学生抽走是不好的。有些人说，我们应该集中培养那些优秀、聪明的孩子。我们并不这么认为。我们认为，正是这些聪明的孩子，推动着整个班级前进，并且赋予班级更大的前进动力。

研究一下我们在学校里发现的两种类型的班级——快班和慢班，也是很有趣的。人们惊讶地发现，在快班里有一些孩子其实智力是比较落后的，而慢班里也不像大多数人认为的那样都是愚笨的孩子，有些是因为出生于贫困家庭。家境贫寒的孩子被人认为学习落后，原因是他们没有为上学做好准备。其实我们很容易理解这个情况。他们的父母有太多的事情要做，没有足够的时间关注孩子，或者可能由于自己没有受到足够好的教育而无法指导孩子为上学做好充分的准备。这些缺乏心理准备的孩子不应该被划分进慢班。对于孩子来说，编进慢班是一种耻辱，而且他们总是会因为这一点被同伴嘲笑。

一个更好地照顾这类孩子的方法是运用我们前面提到的辅导老师的方法。除了辅导老师，还可以开设俱乐部，孩子们可以在那里得到额外的指导。他们可以在俱乐部做作业、玩游戏、看书等。通过这种方式，他们将提升勇气，而不像在慢班里那样失去了勇气。这样的俱乐部，如果再加上比我们现在多得多的游乐场地，就能使孩子们完全离开街道，离开环境的不良影响。

男女同校的问题在教育实践中也屡见不鲜。关于男女同校，我们可能会说，原则上我们应该推动它的发展。这是一种让女孩和男孩更好地了解彼此的方法。但是，如果我们说到男女同校，就期待这种制度能够非常完美，那么就是一个巨大的错误。男女同校所涉及的特殊问题必须加以考虑，否则缺点将超过优点。例如，有一个事实是人们通常会忽略的，即女孩在 16 岁之前比男孩发育得更快。如果男孩没有意识到这一点，而看到女孩遥遥领先，那么他们就会失去平衡，并且和女孩进入无意义的竞争之中。像这样的事实，无论是管理人员还是讲课教师，都必须加以考虑。

一个老师，如果喜欢男女同校教育并理解其中的问题，就可以成功地实现男女同校教育。但是，如果一个老师不喜欢男女同校教育，他就会觉得这个制度给他带来了负担，而在他的班级里，男女同校教育就会失败。

如果男女同校的教育制度没有得到适当的管理，如果儿童没有得到正确的引导和监督，就会出现与性相关的问题。我们将在后面的一章更详细地讨论性方面的问题。这里需要指出的是，学校的性教育是一个很复杂的问题。事实上，学校并不是一个适合对性问题开展指导的场所，因为老师不知道孩子们会如何理解他在课堂上讲的话。如果孩子们私下问老师这些问题，情况就不同了。如果一个女孩向老师询问相关情况，老师应该恰当地给予回答。

在我们或多或少地讨论了一些教育的管理方面的话题之后，我们要回到问题的核心上来。可以说，我们总是可以通过观察孩子们的兴趣，找到他们能够成功的学科，来找到如何教育孩子的方法。成功才是成功之母。教育如此，生活的其他方面也是如此。这意味着，如果一个孩子对一门学科感兴趣，并且在这门学科上取得了成功，他就会受到激励，去学习其他学科。教师可以把学生的成功，作为获取更多知识的基石。学生自己并不知道如何做到这一点——靠自己的力量提升自己，可以说这也是我们所有人从无知提升到有知的过程中需要做的。但是，老师可以提供这样的帮助，而且如果他这么做了，就会发现学生会理解其中的关键点，并积极与老师合作。

我们对于儿童感兴趣的科目的论述，也适用于儿童的感官。我们必须找出儿童的哪个感觉器官是最常用的，什么样的感觉类型是最吸引儿童的。有许多孩子在视觉方面训练得比较好，有些孩子擅长听觉，还有一些孩子擅长运动，等等。近年来，所谓的手工学校得到了人们的喜爱，这些学校的原则是将学校科目与对眼、耳、手的训练结合起来。这些学校的成功，表明了运用与培养孩子的感官兴趣的重要性。

如果老师发现一个孩子是视觉型的，那么他应该明白，在需要使用双眼的科目（比如地理）上，这个孩子会学得更容易。对这个孩子来说，上课过程中看的效果要比听的效果更好。这是一个例子，用来说明老师应该获得相应的洞察力，并对一个特定孩子的问题有深刻的见解。老师在看到孩子第一眼时，还可以获得很多其他类似的洞察力。

简而言之，理想的教师肩负着一个神圣而吸引人的任务。他塑造着孩子们的心灵，掌控着人类的未来。

但是，我们如何将理想转化成现实呢？仅仅展望教育理想是不够的，我们必须找到一个方法来推动它们的实现。很久以前，本书作者就开始在维也纳寻找这样一种方法，并在学校里建立了咨询室或指导室。

建立这些咨询室的目的是将现代心理学的知识应用于教育系统。一个称职的心理学家，不仅应该了解心理学，而且应该了解老师和家长的生活状况，他们会在某个特定的日子与老师一起举办一场临床会诊活动。在那一天，老师们会先开一个会，每个人都会描述自己班的问题儿童的特殊情况。其中可能有懒惰的孩子、捣乱的孩子、偷窃的孩子等。老师描述了孩子们的具体情况之后，心理学家将根据他自己的经验发表意见。然后大家开始讨论，比如产生问题的原因是什么，这种情况是从什么时候开始出现的，应该怎么做，等等。大家会对孩子的家庭生活和他的整个心理发展情况进行分析。最后整合各方面的信息，小组将一起决定对这个孩子采取什么措施。

在下一次会议上，孩子和母亲都会到场。确定好怎么做母亲的思想工作的方式之后，她将首先被请进来。母亲会听到关于孩子为什么会失败的解释，然后母亲会讲述孩子的情况，之后母亲和心理学家之间会展开讨论。一般来说，母亲看到大家对她的孩子的情况感兴趣，会很高兴，而且乐于合作。如果母亲态度不友好或者有敌意，那么老师或心理学家可以说说类似的案例和其他母亲的情况，直到敌意情绪消失为止。

最后，当大家一致同意使用某种方法对孩子展开工作时，孩子就会进入房间。他会看到老师和心理学家，心理学家会与他谈话，但不会谈到他的错误。心理学家会像讲课一样，用孩子能够理解的方式，客观地分析孩子不能正常发展的问题、原因以及导致这些问题的观念。孩子会了解为什么他自己的发展受到了限制而其他孩子更有优势，以及他是如何对成功感到绝望的，等等。

这种方法已经实行了近 15 年，经过培训的教师们都对这种方法的效果感到很满意，他们不愿放弃这种他们已经使用了 4 年、6 年或 8 年的方法。

对于孩子们来说，他们从这项工作中也获得了双重的收获：那些原本被称为问题儿童的孩子已经完全变好了——他们学会了合作，并充满了勇气。其他没有被召集到这个诊室的人也会从中受益。当课堂上出现一种情况，且这种情况可能成为一个问题时，老师会建议孩子们一起进行讨论。当然，老师会引导讨论，但孩子们有机会参与并充分进行表达。他们会开始分析问题的原因——比如说，班上为什么会形成一种懒散的风气。最后，他们会得出一些结论，而那个懒惰的孩子，虽然不知道大家讨论的就是他，但也将从讨论中学到很多。

这段概述向我们表明了将心理学和教育学融合在一

起后，可以实现的各种可能性。心理学和教育学是同一个现实、同一个问题的两个阶段。要指导我们的心灵，我们需要知道它是如何运作的，而了解心灵及其运作的人，才能运用自己的知识来指导心灵达到更高、更普遍的目标。

第10章 外部环境对儿童的影响

个体心理学的心理和教育视野十分宽广，它没有忽视对外部影响的考虑。老式的内省心理学的研究范围十分狭隘，为了照顾到它所忽略的事实，冯特（Wundt）认为有必要创立一门新的科学，即社会心理学。这对于个体心理学来说并不是必要的，因为它同时关注个体心理和社会环境的影响。个体心理学并不是只专注于个体心理而排除刺激心理发展的环境影响，也不是只专注于环境影响而排除心理影响的重要性。

任何教育工作者或教师都不应该认为自己是孩子的唯一教育者。外部的影响源源不断地流入孩子们的心灵，并且会直接或间接地塑造他们。也可以说，外部因素通过影响父母，使他们形成某种心理状态，并把这种状态转移给孩子们。所有这些都是无法避免的，因此我们必须将其纳入考虑。

首先，教育者必须考虑到经济环境的影响。例如，我们必须记住，有些家庭世世代代生活在非常窘迫的经济环境中——这些家庭中的人带着痛苦和悲伤，持续着他们的挣扎。他们受这种悲伤和痛苦的影响如此之大，以至于他们无法教育孩子采取健康和合作的态度。他们生活在人类心灵的极限边缘，总是惊慌失措，因而不能以合作的方式开展工作。

同样地，我们也不能忘记，长期的半饥饿或糟糕的经济条件影响了父母和孩子的身体健康，这反过来又对心理健康有着重要的影响。我们在战后出生的欧洲儿童身上看到了这一点。抚养他们要比以前更加困难。除了经济环境及其对儿童发展的影响外，我们也不能忘记父母缺乏生理卫生知识所带来的影响。这种无知与父母的胆小和溺爱相伴而生。父母都想要宠爱孩子，害怕给孩子带来任何痛苦，但有时他们会粗心大意。例如，他们会认为脊椎弯曲在长大后就会自行消失。他们没有及时带孩子看医生。这种做法当然是错误的，特别是在医疗服务条件良好的城市，这么做尤其不对。孩子糟糕的身体状况如果没有得到及时的治疗，可能会发展为严重而危险的疾病，甚至可能会给孩子留下心理创伤。所有疾病从心理上讲都是“危险的角落”，要尽量避免才行。

如果这些“危险的角落”不能避免，那么我们可以通过培养儿童的勇气和社会情感，使它们变得不那么危险。

事实上，我们可以说，一个孩子只有在缺乏社会情感的情况下，才会在心理上受到疾病的影响。如果一个孩子在成长的环境中，觉得自己是整体环境的一部分，那么他就不会像一个娇生惯养的孩子那样觉得自己受到了危险疾病的强烈影响。

病史记录通常显示，儿童的心理问题常常是在他得了百日咳、脑炎、舞蹈病等疾病后出现的。人们会以为，是这些疾病导致了孩子的心理问题。但实际上，疾病只是将孩子隐藏的性格缺陷暴露出来而已。生病期间，孩子感受到了自己的力量，并且发现了影响和控制家人的办法。他在生病期间看到了父母脸上的恐惧和焦虑，知道他们之所以这样都是因为他的疾病。病好之后，他想要继续成为关注的中心，所以试图用他的各种想法和要求来指使父母，以达到自己的目的。当然，这种情况只发生在那种从未接受过社会情感教育，只想得到机会来实现自私自利的追求的孩子身上。

另一方面，值得注意的是，有时疾病可能提供了一个机会来改善孩子的性格。有一个例子，主人公是一个老师的第二个孩子。这个老师一直很担心这个男孩，不知道该拿他怎么办。他时不时会离家出走，而且在学校里总是班上最差的学生。有一天，就在父亲准备送他去少管所的时候，却发现这个男孩得了髋关节结核。这种疾病需要父母长期的悉心照顾。当这个男孩终于康复后，他成了家里最优秀的孩子。其实，这个男孩所需要的正是父母的额外关注，而这种关注恰巧因为生病得到了。他以前不听话的原因是，他总觉得自己处在优秀的哥哥的阴影下。由于他不能像他的哥哥那样被赞赏，他总是在挣扎。但是这次生病的经历使他相信，他也能像他哥哥那样得到父母的赏识，因此他学会了让自己表现良好。

关于疾病，还需要指出的是，儿童心中往往对他们记得的自己经历过的疾病印象深刻。孩子们会对危险的疾病和死亡这样的事情感到非常惊讶和震惊。疾病在他们心中留下的印记会在以后的生活中显现出来，因为我们发现许多人只对疾病和死亡感兴趣。这些人中的一部分已经找到了利用他们对疾病的兴趣的正确方法——他们最后可能成为医生或护士。但是，还有许多人总是担惊受怕，疾病留下的记忆成为他们的困扰，这妨碍了他们去从事有用的工作。一项对 100 多名女孩的成长经历的调查显示，有将近一半的女孩承认，她们生活中最大的恐惧就是疾病和死亡。

父母应该留心，不要让孩子们对童年的疾病留下过于深刻的印象。他们应该帮助孩子做好面对这些事情的心理准备，以免孩子受到突如其来的打击。他们应该给孩子留下的印象是，生命虽然是有限的，但也足够长久，值得被好好珍惜。

童年生活的另一个“危险角落”是遇见陌生人、家里的熟人或朋友。与这些人的接触之所以会对孩子的成长产生不利影响，是因为这些人并不真正对孩子感兴趣。他们只是喜欢逗孩子开心，或者做一些能在短时间内对孩子产生很大影响的事情。他们高度赞美孩子，使孩子变得骄傲自大。在短暂的相处中，他们纵容、娇惯孩子，从而给那些平常负责教育孩子的人制造了麻烦。所有这些都应该避免。任何陌生人都不应该干涉父母的教育方法。

而且陌生人还经常会弄错孩子的性别，把男孩称为“漂亮女孩”，或者把女孩称为“漂亮男孩”。这也是应该避免的，原因我们将在关于青春期的章节中讨论。

家庭的整体环境是非常重要的，因为它能告诉孩子整个家庭参与社会生活的程度。换句话说，家庭环境给了他们关于合作的第一印象。那些在孤立家庭中长大的孩子会在家庭成员和外人之间划出一条清晰的界线。他们会觉得自己家和外面的世界之间好像有一道鸿沟，因此，他们会以一种敌意的眼光来看待外部世界。孤立的家庭生活不仅不能促进孩子与外部世界建立社会关系，而且会使他们充满猜疑，只关心自己的利益。这就妨碍了孩子社会情感的发展。

3 岁的孩子应该已经做好准备与其他孩子一起玩游戏了，而且不应该被在场的陌生人吓到。否则，这个孩子以后会变得十分害羞、以自我为中心，并对他人怀有敌意。一般来说，这种特质在娇生惯养的孩子中很常见。这样的孩子总想把别人排除在外。

如果父母能在很早的时候就留意并纠正孩子的这些不良特征，就可以为孩子省去后续的很多麻烦。如果一个孩子在他出生后的三四年得到了良好的养育，比如被训练与他人一起玩耍、富有集体精神，那么他不仅不会变得害羞和以自我为中心，而且不会患上神经症甚至精神错乱。神经症和精神错乱只会发生在那些独居的人身上，他们对别人不感兴趣，而且不懂得如何与人合作。

当我们谈到家庭环境这一主题时，我们也要提到由于家庭经济条件的变化而带来的儿童成长方面的困难。如果一个家庭曾经很富有，特别是在孩子很小的时候很富有，后来不再有钱了，这显然是一个困难的情境。这种情况对一个被宠坏的孩子来说是最难的，因为他还没有准备好，获得的关注却突然变少了。他会怀念过去的种种优越生活，并对眼下的处境充满抱怨。

如果一个家庭突然变得富裕起来，在抚养孩子时也会遇到困难。因为父母没有做好正确使用财富的准备，在对待孩子时尤其容易犯错。他们想让孩子们过得开心，想纵容、宠爱孩子，因为他们觉得现在不必再吝惜任何东西了。结果，我们就经常在暴发户家庭中发现问题儿童。暴发户的父亲所生的孩子，通常就会成为这类问题儿童的典型。

如果孩子在合作方面得到了恰当的训练，那么这样的困难甚至灾难都是可以避免的。所有前面提到的情况就像一扇打开的大门，孩子溜出大门，逃避了必要的合作训练，所以我们必须对这些情境特别小心。

儿童不仅会受到物质环境中的异常情况的影响，如破落和暴富，而且还会受到心理环境中的异常情况的影响。我们心中会存有一些因家庭状况而产生的心理偏见。这些偏见可能源于个人行为。例如，父亲或母亲做了被社会看来可耻的事情。在这种情况下，孩子的心理会受到很大影响，将带着恐惧和忧虑去面对未来。他会想要躲开同伴，也会害怕被人发现自己是这样的父母的孩子。

父母不仅有责任为孩子提供阅读、写作和算术方面的教育，而且有责任给孩子提供健康发展的心理基础，这样孩子就不必比别人承受更大的困难。因此，如果一位父亲是个酒鬼或者脾气暴躁的人，他必须记住这一切都会影响到孩子。如果父母的婚姻是不幸福的，经常争吵，那么付出代价的也会是孩子。

这些童年时的经历就像刻在孩子心灵上的碑文一样，无法轻易忘记。当然，如果经常训练孩子与人合作，就能消除这些影响。但是，正是这些特殊情况给孩子带来了考验，因为他无法从父母那里得到这种训练。这就是为什么近年来学校要齐心协力地组织儿童咨询指导诊室运动。如果家长由于这样或那样的原因无法履行自己的教育职责，那么他的工作就必须由一个受过心理训练的教师来接替，这个老师可以引导孩子过上健康的生活。

除了源于个人情况所产生的偏见外，还有由于国籍、种族和宗教而产生的偏见。我们总是会发现，这种偏见不仅影响到被羞辱的孩子，而且还影响到那些有攻击性的、侮辱别人的孩子。这些孩子变得狂妄自大、自命不凡，并相信自己属于一个特权群体。然而，当他们试图让自己真正拥有他们构建起来的那种特权时，他们往往会以失败告终。

国家和种族之间的偏见当然是引发战争的根本原因。战争是人类的一大祸害，要想保存人类的进步和文化，就必须消除战争。老师的任务是揭示战争的真相，而不是让孩子有机会通过玩枪和舞剑来表达自己的优越感。对孩子来说，这并不是为文明生活所做的适当准备。有许多男孩参军，是因为从小接受了军事教育。但是，除了这些人之外，还有成千上百倍的人因为儿时玩过的战争游戏而在往后的生活中心理都不是很正常。他们会像战士一样肩负着重担度过一生，却从不学习与同伴相处的艺术。

在其他可以获得玩具的日子，父母应该特别注意送给孩子的玩具和游戏的类型。应该避免孩子得到武器类的玩具，不玩战争类的游戏，以及避免阅读所有崇拜战争英雄和战争事迹的书籍。

关于如何选择合适的玩具，有很多可以说的，但原则是，我们应该选择那些能够激发儿童合作意识，以及在未来职业中具有建设性的玩具。我们很容易理解的是，那些可以让孩子动手搭建东西的游戏比洋娃娃或玩具狗之类的成品玩具更有价值，因为后者只需要孩子简单地玩一下。顺便说一句，对于动物，我们应该教导孩子不要把动物当作玩具，而是应该把它们当作人类的朋友。孩子既不应该害怕动物，也不应该对动物发号施令或虐待它们。如果孩子表现出对动物很残忍，我们可以猜测，他们身上具有控制和欺凌弱小的愿望。如果家里养了小鸟、小狗和小猫，我们应该教导孩子把它们看作有生命的动物，它们和人类一样有感受，也会感到痛苦。孩子与动物保持适当的友谊，可以被视为他们为与别人交往和合作所做的准备。

在孩子身边的人中总有亲戚。首先是祖父母，我们必须用一种公正的态度来看待他们的状况和处境。在我们的文化中，祖父母的位置有点像一个悲剧。当人们更年长之后，本应该有更大的发展空间，有更多的活动和兴趣，但在我们的社会中，情况恰恰相反。可以说，老年人会觉得自己被迫倒退，被放逐到了一个角落。这种情况令人遗憾，因为如果老年人有更多的工作和拼搏的机会的话，他们本可以做出更多成就，也可以活得更快乐些。任何人都不应该建议一个 60 岁、70 岁甚至 80 岁的人退休。继续做事业，要比改变一个人的整个人生计划容易得多。但是，由于我们错误的社会习俗，当老年人仍然充满活力时，我们就把他们晾在一边。我们不再给他们继续表现自己的机会。结果会发生什么呢？我们在祖父母身上所犯的错误会影响到我们的孩子。祖父母总是想要证明自己仍旧充满活力，对这个世界仍有价值，尽管他们不需要这么做。为了证明这一点，他们总是在干预孙子孙女的教育。他们溺爱孩子。他们试图证明自己仍然知道如何抚养孩子，而这是非常糟糕的。

我们应该避免伤害这些善良而和蔼的老人的感情。不过，虽然他们应该被给予更多活动和表现的机会，但我们也应该让他们知道，孩子应该作为独立的个体长大，而不应该成为其他人的玩具。我们也不应该因为家庭紧急需要用人而利用他们。如果老人与孩子的父母发生争执，无论谁输谁赢，都不要试图把孩子牵扯进来。

当我们研究心理疾病患者的生平时，经常发现，他们都是祖父或祖母的最爱！我们立刻明白了，这种宠爱是怎么给他们的童年时期带来困难的。祖父母的偏爱，要么意味着纵容，要么激起了孩子之间的竞争和嫉妒。也有很多孩子对自己说“我是爷爷最喜欢的人”，但如果他们不被其他人偏爱，就会感到很受伤。

在其他亲戚中，“聪明伶俐的表亲”也对孩子的成长产生了重要的影响。他们可能会被认为是非常让人烦恼的。有时，他们不仅聪明，而且长得也很漂亮。显然，不断提醒孩子有一个这么聪明或美丽的表亲，从孩子角度来看是多么恼人。如果这个孩子充满了勇气，并且怀有社会情感，那么他会明白，聪明只是意味着得到了更好的训练，如此一来，他就会寻找方法来超过这位聪明的表亲。但是，就像在大多数情况下会发生的那样，如果他相信才华是来自大自然的恩赐，即有人生来就有才华，那么他就会感到自卑，觉得命运对自己不公。这样一来，他的整个发展就会受到阻碍。至于美丽，这确实是大自然的馈赠，但我们的文明往往高估了美丽。我们还可以从孩子的生活方式中看到这种高估带来的错误影响，即孩子因为自己有一个美丽的表亲而感到痛苦。即使 20 年过去了，人们仍然能够强烈地感受到童年时对一个漂亮的表亲的羡慕和嫉妒之情。

与这种狂热崇拜美所带来的灾难性后果做斗争的唯一办法，就是教育孩子们，健康、与他人相处的能力，比美丽更重要。美丽是有价值的，这一事实无可否认，我们也渴望种族里的人都是美丽的，而不是丑陋的。但在任何对事物的理性规划中，一种价值不可能与其他价值分离开来，并被奉为最高目标。美丽这种价值正是如此。长得好看，并不足以使人过上理性而美好的生活。这一事实在犯罪分子身上得到了证明，因为我们发现，犯罪分子中既有长相英俊的小伙子，也有长相非常丑陋的。我们可以理解这些英俊的男孩是如何变成罪犯的。他们知道自己长相英俊，因而认为一切都会如他们所愿。因此，他们没有为生活做好充分的准备。然而，后来他们发现不努力是解决不了问题的，于是他们选择了阻力最小的那条道路——犯罪之路。

我们还需要说说儿童读物。到底应该给孩子读什么样的书呢？我们应该如何处理童话故事？这里的要点是，我们通常忽略了一个事实，即儿童理解事物的方式与成年人完全不同。我们也忽略了这样一个事实，即每个孩子都是按照自己特定的兴趣来理解和把握事物的。如果他是一个胆小的孩子，他就会在童话故事中看到那些认可了他的胆小的内容，从而使他总是担心会遇到危险。童话故事中的一些段落，需要经过评论和诠释，才能让孩子理解它们想要表达的意思，而不是让孩子自己去主观想象其中的意思。

童话故事当然是令人愉快的读物，即使是成年人也能从中受益。但是关于童话故事有一点需要纠正，就是童话故事来自特定的时间和特定的地点，因而阅读时会有距离感。而儿童很少会了解到时代的差异和文化的差异。他们读到的童话是在完全不同的时代写的，但他们并不知道那个时代和现在有什么差异。童话故事中总是有王子，而且王子总是被称赞和美化，他的整个性格往往也被描写得非常吸引人。故事里描述的情况当然是虚构的，但这种虚构所代表的理想化，对于某个需要崇拜偶像的时代来说是非常有必要的。孩子应该被告知这些真相。他们应该理解魔法背后的虚构和想象，否则在成长过程中他们可能总是会去寻找解决问题的简单方法，就像一个 12 岁的男孩一样，当有人问他想做什么时，他回答说："我想成为魔法师。"

童话故事如果得到恰当的解读，可以作为一种向孩子们灌输合作意识并扩大他们视野的工具。至于电影，我们可以说，带一个 1 岁大的孩子去看电影是没有危险的，但是稍微大一点的孩子可能会误解电影的含义，甚至童话剧也经常被他们误解。比如，一个 4 岁的孩子在剧院里看了一场童话剧。多年以后，他仍然相信世界上有卖毒苹果的女人。许多孩子不能正确理解电影的主题，或者他们会对电影主题进行笼统的概括。因此，父母应该向孩子解释，直到他们确信孩子已经正确地理解了电影的含义。

报纸是我们应该完全避免让孩子接触的一种外部影响。报纸是写给成年人看的，因此里面并没有孩子的观点。有些地方有专门的儿童报纸，这些报纸是有益的。但是就普通的报纸而言，它给毫无准备的孩子展示了一幅扭曲的生活画面。孩子会因此相信我们的生活中充满了谋杀、犯罪和意外事故。意外事故的报道尤其会使儿童感到沮丧。我们可以从成年人的谈话中了解到，他们在童年时是多么害怕火灾，而且这种恐惧持续困扰着他们。

这些例子仅仅包括了父母和教师在儿童教育中必须考虑到的一小部分外部影响。然而，它们也是最重要的影响因素，阐明了儿童教育所涉及的一般原则。个体心理学家必须反复强调“社会兴趣”和“勇气”这两个口号。在其他问题上，这两个口号也一样适用。

第11章 青春期与性教育

所有图书馆都有很多关于青春期的书。青春期这个话题确实很重要，但却不是人们想象的那种重要。青少年并不都是一样的，我们会在班上发现各种各样的孩子——勤奋的、笨拙的、衣着整洁的、脏兮兮的、到处乱跑的，等等。我们也发现，有些成年人，甚至老年人，其外表和行为都很像青少年。从个体心理学的角度来看，这并不令人惊讶，仅仅意味着这些成年人在人生某个阶段就停止发展了。实际上，从个体心理学来说，青春期只是一个发展阶段，是所有人都必须经历的发展阶段。

我们并不相信，任何发展阶段或者任何环境可以改变一个人。但青春期确实是一种考验——它作为一种新情况，会让人把过去形成的性格特征都展现出来。

举个例子，一个在童年时期被严加看管的孩子，从小没有享受到太多的权利，也不能表达什么是他想要的。当他进入了生理和心理快速发展的青春期，会表现得像摆脱了枷锁一样。他会快速成长，他的性格也将沿着正确的方向发展。另外，也会有一些孩子这时候会停下来，不断地回望过去，并因此无法找到当下的正确道路。他们对生活不感兴趣，变得很保守。对他们来说，这是一种迹象。这并不是表明他们压抑的童年里被束缚的精力在青春期得到了释放，而是表明他们在童年时期被溺爱和宠坏了，因而没有为未来的生活做好准备。

在青春期，我们可以比以往更好地了解一个人的生活方式。因为青春期比童年时期更接近当下的生活。在青春期，我们可以更清楚地看到孩子将如何对待科学，是否能轻松地交到朋友，是否能成为一个关心、关爱他人的人，即怀有社会兴趣的人。

有时，这种社会兴趣非但没有消失，反而表现得过于夸张。我们会遇到一些青少年，他们失去了心理平衡，一心想为他人奉献自己的生命。他们的社会兴趣有点过度了，这可能成为他们发展的障碍。我们知道，如果一个人真的对别人感兴趣，并想为公共事业奋斗，他必须首先照顾好自己。要想付出有意义，他首先得为自己付出。

另外，我们看到许多 14—20 岁之间的青少年，会感到自己在社会上迷失了。14 岁时，他们就离开了学校，因而与他们所有的老同学都失去了联系。他们需要很长一段时间来建立新的关系。在这期间，他们会感到自己完全被孤立了。

然后是职业问题。在这一点上，青春期同样具有启发性。它揭示了青少年在生活方式方面形成的态度。我们会发现，有些年轻人变得非常独立并且工作出色，这表明他们已经走在正确的发展道路上；另一些人的发展则在这个时期停滞了，他们找不到适合自己的职业，要么换行业，要么换学校，诸如此类。不然，他们就无所事事，根本不想工作。

这些症状都不是在青春期产生的，只是在青春期更清楚地表现出来了而已，实际上它们在过去已经成形。如果一个人真的了解某个特定的孩子，知道他小时候如何被家人照看、保护和约束，那么当这个孩子进入了青春期，可以更独立地表达自己时，这个人就可以很好地预测这个孩子的行为。

现在让我们转向人生的第三个基本问题，即爱情和婚姻问题。青少年对这个问题的回答揭示了他的什么性格特征呢？同样地，这一时期与青春期前的阶段并没有中断，只是因为此时的心理活动强度增加，使得他们的回答比之前更加鲜明。我们发现，有些青少年十分清楚自己应该如何表现。在爱情问题上，他们要么表现得很浪漫，要么表现得很有勇气。无论是哪种情况，显然他们都已经找到了与异性相处的正确行为方式。

还有一些青少年处于另一个极端，他们在性问题上表现得非常害羞，他们之前准备不足的问题就显现出来了。从青春期得到的有关性格的种种迹象，使得我们可以对他们今后生活的行为轨迹做出可靠的判断。如果我们想改变未来，那么就必须要知道应该做些什么。

如果一个青少年对异性表现出非常负面的态度，我们追溯他的童年，就会发现他可能是一个好胜的孩子。也许他曾因为父母更偏爱他的兄弟姐妹而感到沮丧。结果，他现在相信，自己必须非常坚定地大步向前，必须傲慢地拒绝所有的情感需要。因此，他对性的态度是他童年经历的反映。

在青春期，我们常常发现孩子有离家出走的念头。这可能是由于孩子对家庭环境和条件从来就没满意过，现在第一次有机会切断与家里的关系，他不想再被家庭供养，尽管继续接受父母的供养对孩子和父母都有好处。这样，一旦他出了什么问题，父母没有提供帮助就成了他失败的借口。

同样的趋势也出现在那些仍然住在家里的孩子们身上，尽管表现得比较轻微。这些孩子会利用一切可能的机会在外面待到很晚。当然，晚上出去玩比安安静静地待在家里更有诱惑力。这也是对家庭环境的一种含蓄的抱怨，也表明孩子在家里感到不太自由，觉得自己总是被父母保护和看管。因此，他从来没有机会表达自己，也没有机会发现自己的错误。青春期是孩子开始往这个趋势发展的危险时期。

到了青春期以后，很多孩子会比以前更强烈地感到自己忽然失去了别人的欣赏。也许他们在学校曾经是好学生，并且受到老师的高度赞赏，然后他们突然被转到一个新的学校、进入一个新的社会环境或者开始了一个新的职业。而且，我们也知道，学校里最优秀的学生到了青春期，往往不再是最优秀的了。他们似乎经历了一个变化，但实际上并没有改变，只是旧的环境没有像新的环境那样如实地展现出他们的性格而已。

由此可见，解决青春期烦恼的最好办法之一就是帮助孩子培养友谊。孩子们应该成为彼此的好朋友和好伙伴。这不仅适用于家庭成员之间，也适用于家庭以外的人。家人之间应该相互信任。孩子应该相信父母和老师。的确，在青春期，只有那种始终是孩子的伙伴、始终对孩子富有同理心的父母和教师才能继续发挥教导孩子的作用。任何其他类型的家长或老师，都会很快被处于青春期的孩子拒之门外。孩子不会向他们吐露任何秘密，会把他们看作一个完全的局外人，甚至是敌人。

我们可以在一些女孩中发现，正是在这一时期，她们会表现出对女性角色的厌恶，并试图模仿男孩。当然，在恶习方面模仿男孩，比如抽烟、喝酒和加入帮派，要比模仿男孩努力学习的优点容易得多。此外，女孩们也有借口说，如果她们不模仿这些做法，男孩们就不会对她们感兴趣。

如果我们分析这些青春期女孩的男性钦羡（masculine protest），会发现这些女孩从小就不喜欢自己的女性角色。然而，此前她的厌恶一直被掩盖着，只是到了青春期才显露了出来。这就是为什么在这个时期观察女孩的行为如此重要，因为这样，我们才能发现她们如何看待自己将来的性别角色。

这个年龄的男孩喜欢扮演非常聪明、勇敢和自信的男人角色。另一些男孩则害怕面对自己的问题，他们不相信自己是真正的、彻底的男子汉。如果他们在男性角色教育上有任何缺陷，那么此时就会暴露出来。他们会表现得娘娘腔，行为举止也表现得像女孩，甚至会模仿女孩的恶习——比如卖弄风情、搔首弄姿等。

与这种极端女性化的现象相对应的是，我们可能还会发现那些极端男性化的男孩，他们发展出了一些极端的恶习，比如纵酒和纵欲。有时，他们甚至会为了显示自己的男子气概而开始犯罪。在那些想要出人头地、想要成为领导者、想要威慑同伴的男孩中，这些恶习很常见。

尽管这种类型的人会表现出勇敢无畏、雄心勃勃，但他们身上往往还有胆小怯懦的隐秘特征。美国曾经出现过一些臭名昭著的例子，比如希克曼（Hickman）[㊀]、李奥波德（Leopold）和勒伯（Loeb）[㊁]。如果我们研究一下这些人的履历，就会发现，他们一心想要过一种轻松的生活，而且始终在寻求轻松的成功。这类人虽然很活跃，但并不勇敢，这两方面正是罪犯的特征。

我们还经常发现，青春期的孩子第一次出现了冲撞父母的行为。如果我们没有看到他们行为背后隐藏的一致性，就会认为这些孩子突然变了。但是，如果我们研究一下之前发生的事情，就会认识到，孩子在性格上跟以前是一样的，只是现在有了更大的力气，有了更多的可能性去行动。

另一个需要考虑的点是，在青春期，每个孩子都感到

㊀ 1927 年，19 岁的希克曼绑架了老板 12 岁的女儿，并在收到赎金后，将女孩残忍杀害。——译者注

㊁ 1924 年，19 岁的李奥波德与 18 岁的勒伯合伙谋杀了 14 岁的弗兰克斯，他们的动机是实践一场“完美犯罪”。——译者注

自己面临着一项考验，即必须证明自己不再是一个孩子了。这当然是一种非常危险的感觉，因为每当我们觉得必须证明一些事情时，就可能做得过度。青春期的孩子也因此而可能做得比较极端。

这确实是青春期最显著的表现。而消除它的方法是通过向年轻人解释，他不需要向我们证明自己不再是孩子，我们也不需要这种证明。通过告诉他这一点，我们可以避免他出现前文已经提到的种种夸大特征。

我们还常常发现有这样一种女孩，她们倾向于夸大性关系，变得“为男孩疯狂”。这些女孩总是和她们的母亲吵架，而且总是认为自己受到了压制（也许她们真的被压制了）；为了激怒母亲，她们甚至会和自己遇到的任何男人扯上关系。而得知母亲发现后很痛苦，她们就会很高兴。很多青春期的女孩会因为与母亲争吵或父亲过于严厉而离家出走，并第一次与男性发生性关系。

很讽刺的是，父母是为了使女儿成为好女孩而对她们严加管教，最后女儿却因为父母缺乏心理洞察力而变成了坏女孩。所以说，这种情况的过错不在女孩身上，而在父母身上，因为他们没有培养女孩为以后一定会遇到的情况做好准备。在青春期之前，他们对女孩的保护太多了，结果他们没能在女孩身上培养出应对青春期的诱惑所需要的判断能力和自立能力。

有些时候，这些困难并没有出现在青春期，而是出现在青春期之后的婚姻中。然而，其中的本质是一样的。这只是因为这些女孩足够幸运，没有在青春期遇到不利的情况。但迟早不利的情况会出现，女孩们需要做好准备。

在这里，我们可以引用一个案例来具体说明女孩在青春期出现的问题。这个女孩 15 岁，来自一个非常贫穷的家庭。不幸的是，她有一个哥哥常年生病，必须由母亲照顾。很小的时候，这个女孩就注意到母亲对她和哥哥的关注程度不同。让事情更加复杂的是，当她出生时，父亲也生病了，母亲必须同时照顾父亲和哥哥。这个女孩在双重打击中理解到被人照顾和关注的意义，所以被人关心和欣赏成了她内心的强烈渴望。她无法在家庭中得到这种关心和欣赏，特别是不久之后，妹妹出生了，剥夺了她仅有的关注。就像命中注定的那样，妹妹一出生，父亲的病也好了，所以妹妹得到了比她小时候多得多的关注。小孩子都会注意到这些事情。

这个女孩为了弥补在家里受到的关注和欣赏不足，就在学校努力学习。她使自己成为班上最好的学生，正因为她是这样一个好学生，有人建议她继续学习，去读高中。但当她进入高中后，情况发生了变化。她的学习成绩不是很好，因为她的新老师不认识她，也不欣赏她，而她渴望得到别人的欣赏。但现在，不管在家里还是学校，她都得不到这种欣赏了，因此她必须在其他地方寻求别人的欣赏。于是，她离开学校，找了一个能欣赏她的男人。她和那个男人住了两个星期后，那个男人厌倦了她。我们可以预测接下来会发生什么。她开始意识到这不是她想要的欣赏。与此同时，她的家人很担心她，开始到处寻找她。突然有一天，他们收到了她的一封信，信上说："我喝了毒药，但别担心，我很快乐。"在她对幸福和欣赏的追求失败后，自杀显然是她的下一个想法。尽管如此，她没有真的自杀，她只是以自杀作为一种恐吓，以求得到父母的原谅。她继续在街上乱逛，直到她妈妈发现了她并把她带回家。

如果这个女孩可以意识到，她的一生都被寻求欣赏和认可的需要所主宰，那么这一切可能就不会发生了。同样地，如果高中老师意识到这个女孩学习一直很好，她所需要的只是一定程度的欣赏，那么悲剧也不会发生。在这一连串的情况中的任何一点上，如果能对这个女孩给予适当的帮助，都可以防止她走向堕落。

这就引出了性教育的问题。性教育的问题被夸大得很可怕。如果可能，我们可以这样说，有很多人在性教育这个问题上是不切实际的。他们想让所有年龄的人都接受性教育，他们还大肆宣扬性无知带来的危险。但是，如果我们回顾自己的过去，也回顾别人的过去，既没看到他们所谓的那么多困难，也没看到那么多危险。

个体心理学的经验告诉我们，在孩子两岁的时候就应该被告知自己是男孩还是女孩，而且还应该向他解释，他的性别永远不会改变，男孩长大后是男人，女孩长大后是女人。如果孩子知道了这一点，即便缺乏其他知识，也不会那么危险了。如果让孩子知道，女孩不应该被教育得像男孩，男孩也不应该被教育得像女孩，那么性别角色将固定在他的脑海里，他一定会以一种正常的方式发展自己的性别角色并为之做好准备。

然而，如果他相信，通过某种方式可以改变自己的性别，那么麻烦就会出现。如果父母总是表达出想要改变孩子性别的愿望，那么也会带来麻烦。在《寂寞之井》（*The Well of Loneliness*）这本书中，我们发现了描述这种情况的极好的文字表达。父母常常喜欢像教育男孩一样教育女孩，或者像教育女孩一样教育男孩。他们会给孩子们拍摄穿着异性服装的照片。有时，女孩长得像男孩，于是周围人开始用相反的性别来称呼这个孩子。这种做法可能会引起孩子很大的混乱，其实这是完全可以避免的。

我们还应该避免任何对女性价值的低估，舍弃那种认为男孩优越的观点，让孩子们明白男女平等。这一点很重要，不仅是为了防止那些被贬低的女孩产生自卑情结，也是为了防止对男孩产生不良影响。如果我们教育男孩，让他们明白男女平等，那么他们就不会把女孩仅仅当作泄欲的对象。如果明确地知道自己将来的使命，他们也就不会用丑陋的眼光看待两性关系了。

换句话说，性教育的真正问题不仅是向孩子们解释性关系的生理问题，它还涉及培养正确的爱情观和婚姻观。这与社会适应问题密切相关。如果一个人不适应社会，他就会拿性问题开玩笑，完全从自我放纵的角度看问题。当然，这种情况经常发生，这也是我们的文化缺陷的反映。女性不得不忍受痛苦，因为在我们的文化中，男性更容易发挥主导作用。但男孩也会因为这种虚构的优越感而受到伤害，因为他们因此而远离了最基本的价值观。

至于要在哪个生理阶段开展性教育，我们认为其实孩子没有必要在很小的时候就接受这种教育。我们可以等到孩子变得好奇，想要了解某些事情时再开展教育。如果孩子太害羞而不敢问问题，关注孩子的父母也会知道什么时候应该由他们来采取主动。如果孩子觉得父母是自己的同伴，那么孩子就会提出问题，而父母的回答必须是孩子能够理解的。父母必须避免给出刺激孩子性欲的答案。

在这方面，人们不必总是对孩子身上过早表现出来的性本能感到惊慌。性发育很早就开始了，实际上在生命的最初几周就开始了。我们可以完全肯定的是，婴儿也经历过性快感，而且他有时会试图人为地刺激敏感部位。如果我们看到某些特定的行为开始出现，不应该感到害怕，而应该尽力制止这些做法，同时不应该让自己显得过于重视它们。如果一个孩子发现我们在为这些事情担心，他可能会故意继续他的行为，以获得我们的关注。正是这些行为让我们觉得他是性冲动的受害者，实际上，他只是在利用这种做法引起我们的关注。一般来说，小孩子试图通过玩他们的生殖器来获得关注，因为他们知道父母对这样的行为感到害怕。这和孩子们假装生病时的心理是一样的，因为他们注意到，当他们生病时会得到父母更多的宠爱和关注。

孩子们不应该被太多的亲吻和拥抱刺激到身体。这种刺激对孩子来说非常不舒服，尤其是在青春期。我们也不应该在性问题上让他们的心理受到刺激。孩子常常在父亲的书房里发现一些轻佻的图片。我们在心理诊所也经常听到这样的案例。孩子不应该接触那些超过他们年龄的、与性有关的读物，也不应该被带去看与性主题有关的电影。

如果孩子能够避免所有形式的过早性刺激，那么我们就不需要有任何担心。我们只需要在合适的时间说几句简单的话，不要激怒孩子，始终以真诚而简单的方式回答孩子的问题。最重要的是，如果想要始终得到孩子的信任，就绝对不能对他说谎。也许 90% 的人都是从同伴那里获得性知识，但如果孩子相信父母，他就会忽略从同伴那里听到的解释，而相信父母说的话。父母和孩子之间的这种信任关系，比父母关于性问题的各种各样的回答和托词要重要得多。

那些经历过太多性行为，或者性行为开始得过早的孩子，通常长大后会在性行为方面表现得比较退缩。这就是为什么我们应该避免让孩子看到父母做爱。如果可能的话，他们不应该和父母睡在同一个房间，当然更不应该睡在一张床上。此外，姐妹和兄弟也不应该睡在同一个房间。父母必须密切关注孩子们的行为是否正确，同时也应该注意外部环境的影响。

这些评论概括了性教育问题中最重要的几个方面。在这里我们可以看到，与教育的所有其他阶段一样，家庭内部的合作和友好氛围是最重要的。有了这种合作感，以及对性别角色和男女平等的早期认识，孩子就做好了充分的准备去应对他可能遇到的危险。最重要的是，他已经准备好以一种健康的心态去面对未来的挑战。

第12章

教育的误区

在养育孩子的过程中，父母或老师在有些事情上绝对不能气馁。他绝不能因为自己的努力没有立刻取得成效而变得无望，也不能因为孩子无精打采、无动于衷或极端被动而预期自己的教育一定会失败，更不能让自己受那种孩子有无天赋的迷信观念的影响。个体心理学认为，我们应该为所有的孩子做出努力，通过给他们提供更多的勇气和自信，通过教导他们困难不是不可逾越的障碍，而是需要解决和克服的问题，来激发他们的智力。这样的努力并不一定都会取得成功，但成功案例的数量远远超过那些没有带来预期成果的案例。下面是一个有趣的案例，我们在其中付出的努力是成功的。

这个案例的主人公是一个小学六年级的 12 岁男孩。他的成绩很差，但他丝毫不受成绩的影响。他的过去十分不幸。由于佝偻病，直到 3 岁他才学会走路。3 岁的最后几天，他还只能说几个单词。当他 4 岁的时候，母亲带他去看儿童心理学家。这位心理学家告诉她，他的情况没什么希望好转。然而，这位母亲不相信这一点，她把孩子送到了一家儿童指导机构。在那里，他发育得很缓慢，没有从中得到多少帮助。在男孩 6 岁时，家里认为他可以去上学了。在学校的前两年，他在家里接受额外的学业辅导，因此他能够通过学校的考试。之后他又成功地读完了三年级和四年级。

这个男孩在学校的情况如下：他以极度懒惰的表现使自己在学校引人注目；他抱怨说自己不能集中注意力，也不能专心听讲；他和学校同学相处得也不好，经常被他们取笑，而且总是显得比别人差。在全班同学中，他只有一个朋友，他非常喜欢和这个朋友一起散步。他觉得其他孩子都很讨厌，无法与他们好好相处。老师抱怨这个男孩算术不好，也不会写字。尽管如此，老师还是相信这个男孩能像其他孩子一样完成学业。

从这个男孩的历史和他已经能够做到的事情来看，很明显对这个男孩的治疗是基于一个错误的诊断。这是一个被强烈自卑感折磨的孩子。简而言之，这种自卑感就是一种自卑情结。这个男孩有一个表现优秀的哥哥。他的父母认为，他的哥哥不用学习就能进入高中。如果父母喜欢说孩子什么都不用学就能很优秀，那么孩子自己也会喜欢这种吹嘘。很明显，不学习而学习好是不可能的。这个哥哥很可能是通过专心听讲，在课堂上完成了大部分的学习。如果孩子在学校不太用功，那么他就不得不在家里学习。

这两个男孩之间有多大的差别啊！这个男孩不得不一直生活在一种压抑的感觉中，他觉得自己的能力不如哥哥，也不如哥哥有价值。他可能经常在母亲生他的气时从母亲那里听到这句话，或者从他哥哥那里听到这句话。他的哥哥过去常说他是傻瓜或白痴。他的母亲说，哥哥经常因为弟弟不听他的话而对弟弟拳打脚踢。这样，我们可以得出一个结论：这是一个认为自己不如别人的人。生活似乎也证实了他的想法。他的同学嘲笑他，他的作业总是充满错误，他说自己无法集中注意力。每一个困难都使他感到害怕。他的老师也常常说，这个孩子与这个班级乃至整个学校都格格不入。难怪这个孩子最后相信他已经不可避免地陷入了这个处境，而且他相信别人对他的看法是正确的。一个孩子如此灰心丧气，以致对未来失去了信心，这是很可悲的。

我们很容易看出，这个孩子已经失去了信心，这并不是因为当我们试着和他愉快地交谈时，他浑身颤抖、脸色苍白，而是因为一些值得留意的小细节。当我们问他多大时（我们知道他 12 岁），他回答说："11 岁。"我们不应该把这样的答案当成意外，因为大多数孩子都知道自己的确切年龄。我们通常都有机会证明，这样的错误是有内在原因的。如果我们研究这个孩子的生活经历，并联系他的回答，就会得出这样的印象——他在试图回到他的过去，他想回到那个比现在更小、更虚弱、更需要帮助的过去。

我们可以根据已经掌握的事实，重建他的人格系统。这个孩子没有通过完成那些通常同龄孩子应该完成的任务来寻求救赎和证明，而是相信或表现得好像他没有其他人发育得那么成熟，难以与他人竞争。这种落后于别人的感觉，表现在他少报了自己的年龄。尽管他的回答是“11岁”，但在某些情况下他的行为就像一个 5 岁的孩子。他如此确信自己的确不如别人，以至于他试图调整自己所有的行为，使之适应这种落后的状态。

这个孩子白天还会尿裤子，也无法控制自己的排便。当一个孩子相信或想要相信自己还是一个婴儿时，就会出现这些症状。这也证实了我们的说法，即这个男孩想抓住过去不放，如果可能的话，还想回到过去。

在他出生前，家里就请了一个家庭女教师。她非常疼爱这个孩子，只要有机会就代替母亲给他提供支持。由此我们可以得出进一步的结论。我们已经知道这个男孩过去的生活情况，知道他早上不喜欢早起。当谈论到他花了多长时间才起床的时候，我们看到他做了一个厌恶的手势。

所以我们的结论是，这个男孩不喜欢上学。一个男孩与同学无法和睦相处，感到自己很压抑，不相信自己有能力完成任何事情，他是不可能想去上学的。结果，他就不想起床，不想按时上学了。

然而，他的家庭女教师说他确实想去上学。事实上，最近他生病时，他请求大人允许他起床。这并不与我们所说的相互矛盾。我们需要回答的问题是："这个家庭女教师怎么会犯这样的错误呢？"情况很清楚，也有点有趣。当男孩生病时，他假装说他想去上学，因为他十分肯定地知道他的家庭教师会回答："你不能去，因为你生病了。"然而，他的家人并不理解这种表面上的矛盾，他们不知道该对这个男孩做些什么。我们也有很多机会观察到，这位家庭教师实际上不能理解这个男孩心里的想法。

后来又发生了一些其他事情，使得父母带着这个男孩来找我们。这个男孩从家庭教师那里偷了钱去买糖果。这也意味着他的行为还像个小孩子。偷钱买糖果的行为真是太幼稚了。只有很小的孩子，在控制不住吃糖的欲望时才会这样做，因为不能控制自己的身体。这在心理学上的意义是："你必须看着我，否则我就会做出一些淘气的事情。"这个男孩不断地做一些事情，以让别人注意到他，因为他对自己没有信心。当我们比较他在家里和学校的情况时，两者之间的关系就很明显了。在家里，他能让大家关注他；在学校，他却做不到这一点。但是，谁能试着做一些事来纠正这个孩子的行为呢？

直到这个男孩被带到我们这儿之前，他一直被认为是一个落后、差劲的孩子，但实际上他根本不该被归入这个类别。他是一个完全正常的孩子，只要他有了自信，就能取得像其他同学一样的成绩。他总是倾向于悲观地看待一切事情，还没有迈开第一步就认为自己会失败。他的每一个手势都传递着他缺乏自信，这一点在老师的评语中也得到了证实："他不能集中注意力、记忆力差、漫不经心、没有朋友等。"他的沮丧是如此明显，没有人会忽视这一点，而他的处境又是如此糟糕，因此要改变他的看法是很困难的。

在填写完我们的个人心理问卷后，我们还进行了咨询访谈。我们不仅要和这个男孩谈，还要和与他相关的一些人谈。第一个是他的母亲，她早就对儿子绝望而放弃了他，只是想尽办法让他坚持学业，以便将来能做点什么工作。第二个要谈的是他的哥哥，因为哥哥很看不起他。

对于"你长大后想做什么"这个问题，这个男孩无法回答。这一点不同寻常。当一个半成年的孩子真的不知道他未来想做什么时，这一点总是令人怀疑的。的确，人们长大后通常不会从事他们小时候选择的职业，但这并不重要。他们至少是被这种职业理想所指引的。在孩子们很小的时候，他们想当司机、警卫、售票员，或者任何对他们不成熟的价值观有吸引力的职位。但是，当一个孩子没有实质的目标时，人们就会怀疑他不想考虑未来，而希望回到过去。或者换句话说，他想逃避未来以及与未来相关的所有问题。

这似乎与个体心理学的基本观点相矛盾。我们一直在谈孩子们追求优越感，我们也试图表明每个孩子都想要展现自己、超越他人，希望自己有所成就。但现在，我们面前这个孩子的情况正好相反；这个孩子想要后退，想要变小，想要别人支持他。我们该如何解释这一点呢？精神活动都不是简单运转的，它们有着复杂的背景。如果我们对这种复杂案例得出特别简单的结论，那么我们往往会犯错。在所有这些复杂的情况中，都有一些蒙蔽我们的东西，除非我们完全理解了整个情况，否则，任何从事物本身得出看似相反结论的辩证尝试，肯定是令人困惑的。例如，如果我们说这个男孩朝着一个倒退的方向努力，因为他只有这样做才感觉是最强大的、最安全的，这种说法就会令人感到困惑。事实上，从某种角度而言，这类孩子的做法是正确的。在他们真的非常幼小、虚弱和无助的时期，他们实际上非常强大、非常有支配力，因为那个时候人们不会对他们提任何要求。这个对自己没有信心的孩子，害怕自己完不成任何事情。这么一来，我们还会认为他会愿意面对一个别人对他有所期待的未来吗？他肯定会回避任何可能会衡量他个人力量和能力的场合。因此，他只会在一个受到极大限制的范围内活动，在这个范围之内，很少会有人向他提出要求。通过这种方式，我们就可以理解，他只在一个很小的范围内为获得认可而努力。这种认可与他小时候依赖他人时所获得过的认可是一样的。

我们不仅要与男孩的老师、母亲和哥哥交谈，还要与他的父亲和咨询师（也就是我们的同事）交谈。这样一连串的会面有大量工作要做，如果我们能获得老师的支持，就可以节省大量的劳力。这不是不可能，但也不容易做到。很多老师仍然坚持旧的方法和理念，并认为心理测试是不可靠的。他们中的许多人害怕心理测试会削弱他们的权威，或者认为心理测试是对他们教学工作的未经许可的干涉。当然，事实并非如此。心理学是一门科学，不可能一下子掌握，需要加以研究和实践。然而，如果人们以错误的观点看待心理学，那么心理学就对他们毫无用处了。

宽容也是一种必要的品质，尤其是对教师而言，对新的心理学观点持开放的态度是比较明智的，即使它们似乎与教师一直持有的观点相矛盾。从目前的情况来看，我们并没有权利断然否定老师的观点。这样一来，问题就变得比较棘手了，我们到底该怎么做呢？根据我们的经验，在这种情况下，没有什么其他的可以做，只有把孩子带出他的困难处境——也就是说，让孩子转学。这个过程不会伤害任何人。几乎没有人知道发生了什么，但是孩子却卸掉了一个沉重的负担。他进入了一个没有人知道他的新学校。他可以稍微注意一点，不让别人觉得他很糟糕，不要让自己被别人瞧不起。这些事情具体应该如何去做很难解释。这与家庭环境有很大关系，可能每种情况都需要稍微不同的处理方法。但是，如果有很多精通个体心理学的老师对这些孩子的问题进行处理，能够用理解的眼光看待这些情况，可以在学校帮助孩子，那么教育就会变得容易多了。

第13章

对父母的教育

正如我们在前面的章节中所提到的，这本书是写给家长和老师的。用这种新的心理学视角洞察孩子的心理生活，父母和老师都可以从中受益。归根结底，孩子的教育和发展主要是在父母的支持下进行的，还是主要在老师的支持下进行，这一点并不重要，只要孩子能得到恰当的教育就可以了。当然，我们指的是课外教育，而不是学校科目的教育。这种课外教育主要是指人格的培养，这是教育中最重要的部分。如今，尽管家长和老师都可以在教育工作中贡献自己的一份力量，家长纠正学校的不足，老师纠正家庭的不足，但在大城市中，在现代社会和经济条件下，大部分责任还是落在了老师身上。总的来说，家长不像老师那样容易接受新思想，因为老师对教育儿童有一种职业兴趣。个体心理学将培养孩子为未来做好准备的希望寄托在改造学校和老师上，当然也不会拒绝家长们的合作。

现在，老师在教育工作中不可避免地会与父母的教育发生冲突。由于老师的纠正工作在某种程度上意味着家长教育的失败，这种冲突就更加不可避免了。从某种意义上来说，这是对家长的一种指责，家长也经常会有这种感觉。在这种情况下，老师该如何应对家长呢？

下面是针对这个问题的讨论。当然，作者是从老师的角度来写的，老师需要把应对家长当作一个心理问题来处理。如果父母读到这些内容，请勿见怪，因为这些内容只针对那些无知的父母，正是无知的父母造成了老师需要处理的大多数问题。

很多老师都认为，与问题孩子的父母接触，往往会比与孩子本人接触更困难。这一事实表明，老师需要运用一定的机智和策略来应对家长。老师的行为需要基于这样的假设，即家长不需要对孩子表现出来的不良品质负所有责任。父母毕竟不是富有经验的教师，他们通常只会用传统的方法来教导孩子。当他们因为孩子的问题被叫到学校时，会感觉自己像被指控的罪犯一样。出现这样的情绪是因为他们内心有一些内疚感，这需要老师巧妙地应对。因此，最可取的做法是，在这种情况下，老师应该尝试疏导父母的情绪，使气氛变得友好而轻松，把自己作为父母的助手，并相信家长都有良好的意愿。

即使有正当的理由，我们也不能责备学生家长。如果我们成功地与学生父母达成某种默契，如果我们能够说服父母改变态度，按照我们的方法与我们一起合作，那么我们就可以取得更多成果。向家长指出过去他们在教育孩子方面犯下的错误是没有用的。我们必须要做的是，设法使家长采用一种新的方式来教育孩子。告诉他们做错了这个或做错了那个，只会冒犯他们，使他们不愿意合作。一般来说，孩子不可能是突然变坏的，变坏总有一个时间过程。家长们来到学校时，已经意识到自己忽略了一些东西。但我们不应该让他们觉得我们也是这么想的，也不应该直截了当地、武断地和他们说话。我们永远不要用权威的口吻给父母提建议。我们应该经常使用这样的话：“也许”“可能”“或许”“您也许可以试一下这种方式”。即使我们知道错误在哪里、应该如何纠正，也绝不能强迫父母接受。毫无疑问，并非每个老师都能这么机智，这些技巧也不是一下子就能学会的。有趣的事，同样的想法，我们可以在本杰明·富兰克林（Benjamin Franklin）的传记中找到。他写道：

“一个贵格会的朋友曾善意地提醒我，人们普遍认为我很骄傲，这种骄傲常常在谈话中表现出来，当我表达任何观点时，我都不会仅仅满足于表达正确的观点，我还会盛气凌人、傲慢无礼，他还给我举了几个例子以让我信服。因此，我下定决心努力改掉这些毛病，如果可能的话，我还要戒掉自己的恶习或其他愚蠢做法，同时把‘谦卑’加在我的清单上，并赋予‘谦卑’这个词更广泛的含义。

“在获得‘谦卑’这个美德的过程中，我不能夸耀自己有多成功，但我对它的表现形式有了充分的了解。我给自己定了一条规矩，就是避免与他人的情绪发生直接矛盾，并克制表达自己的所有积极主张。我甚至让自己遵照我们社会的旧规则，禁止自己使用一些诸如‘肯定的’‘毫无疑问的’之类禁锢别人观点的词汇和表达，而是使用‘我设想’‘我理解’‘我想象一件事是这样或那样的’或‘目前在我看来是这样’等表述方式。当别人说了一些我认为是错误的东西时，我也不会贸然反对他们，避免立刻指出他的主张之中的荒谬之处以取悦自己。在回答这个问题时，我首先会注意到，在某些情况下他的观点是正确的，但在目前的情况下，在我看来似乎存在一些不同意见，等等。我很快就发现自己态度上的这一变化是有好处的，我参与的谈话进行得更加愉快了。我以温和谦卑的方式提出我的意见，这样更容易被别人接受，也少了一些反对意见。当我发现自己的确错了时，我感到不那么羞愧了；而当我是正确的时候，我也更容易说服别人放弃他们的错误观点，与我站在一边。

“一开始，我需要压制自己的本能才可以采取谦卑这种方式，但后来就变得很容易了，也养成了习惯。也许在过去的 50 年里，从来没有人从我嘴里听到过一句教条、武断的话。我在早期提出新制度或改革旧制度时，对我的同胞有如此大的影响力，以及我成为议员后对公共委员会有如此大的影响力，我认为主要是因为我有谦卑这种习惯（除了性格正直之外）。因为我本来只是一个拙劣的演说者，从来没有雄辩的口才，在用词上常常犹豫不决，表达也很难准确，但我基本上阐明了我的观点。

“在现实生活中，也许没有一种强烈的情感像骄傲那样难以抑制。尽管我们掩饰它，同它做斗争，想要打败它、扼杀它、压抑它，但它仍然鲜活地存在着，还会不时地冒出来。你也许会在我的这段历史中常常看到它，因为即使我认为自己已经完全克服了骄傲，我依然有可能为我的谦卑而感到骄傲。”

当然，富兰克林上面的这些话并不适用于生活中的每一种情况。我们既不能这么期望，也不能这么要求。然而，富兰克林的态度向我们展示了，这种非常强烈的反对态度可能多么不合适，多么无法奏效。生活中并不存在适用于所有情况的基本法则。每条法则适用到一定程度，可能突然间就不起作用了。当然，在某些情况下，可能只有强烈的措辞才是正确的。

然而，让我们想想这样的场景，一边是老师，一边是担心的父母，父母们已经觉得很丢人了，并且准备好因为孩子而受到进一步的羞辱。此时，我们应该知道，如果没有父母的合作，我们什么也做不了。显然，为了帮助这个孩子，此时富兰克林的方法是唯一可以被接受的。

在这种情况下，证明自己是正确的或显示自己的优越感并不重要，重要的是要找出一条帮助孩子的路。自然，我们会碰到很多困难。很多家长不想听到任何建议。他们对于老师把他们和他们的孩子置于如此不愉快的境地而深感震惊、愤怒、不耐烦，并对老师充满敌意。这样的父母通常会在一段时间里试图对孩子的缺点视而不见，不让自己面对现实。如今，他们的眼睛被强行扒开了。整个事情都令人不快，我们可以理解的是，老师如果粗暴地或过于积极地接近这样的家长，就会失去赢得家长支持的一切可能性。很多父母甚至会离得更远。他们会对老师说一堆愤愤不平的话，使自己变得不可接近。在这种情况下，最好向家长表明，老师需要得到他们的帮助，最好让他们平静下来，让他们以友好的方式与老师交谈。不要忘记，父母经常被传统的、过时的方法所束缚，不要期待他们可以迅速摆脱这种束缚。

例如，如果一位父亲已经习惯了用严厉的措辞和刻薄的面部表情使他的孩子失去自信，那么他自然很难在十年后突然用友好、温和的方式与孩子对话。这里我们要提到，当一位父亲突然完全改变他对孩子的态度时，孩子一开始不会相信这种改变是真心实意的，孩子会认为这是一个骗局，因此必须慢慢地通过父母举止的改变来获得孩子的信任。即使是高级知识分子也不例外。有这样一个例子，一位高中校长由于不断地批评和唠叨，把自己的儿子逼到了崩溃的边缘。校长在和我们谈话的过程中意识到了这一点，可是他回到家，又对儿子进行了严厉的说教。因为儿子懒惰，他又发脾气了。每次只要儿子做了让他不高兴的事，这位父亲就会发脾气，说话也很冷酷。如果一个以教育者自居的校长都会这样，那么我们可以想象，对于那些从小就抱着教条思想长大、认为每个孩子都必须为自己的错误而受到惩罚的父母会是什么样的。因此，与家长对话的时候，老师必须采用得体的、委婉的措辞。

千万不要忘记，用拳头来教育孩子的习惯在贫困阶层中相当普遍。而且常常会发生的是，当来自这些阶层的孩子与老师进行了一场矫正性的会谈，回到家可能会发现，等待他们的依旧是父母的暴揍。一想到我们的教育努力常常因为父母在家里不明智地对待孩子而付诸东流，我们就非常遗憾。在这种情况下，孩子们往往会因为同样的错误而受到两次惩罚，而我们认为惩罚一次就够了。

我们知道，这种双重惩罚有时会带来可怕的后果。举个例子，如果一个孩子必须带一张糟糕的成绩单回家，因为害怕挨打，他就不拿给父母看，但他又怕自己在学校受罚，所以他就开始逃学或者在成绩单上伪造父母的签名。我们不能忽视这些事实，也不能对此掉以轻心。当我们看待一个孩子时，必须考虑到他与其所处环境中各种因素的关系。我们必须问问自己：如果我现在对孩子进行教育，会发生什么？它将如何影响这个孩子？我有什么把握说这会对他有好处呢？孩子是否已经到了能够承担责任的时候？他能否从中学到一些有建设性的东西呢？

我们知道，儿童和成人对困难的反应有多么不同。在我们试图重塑孩子的生活方式之前，必须非常谨慎，而且必须对这件事的结果有把握。在对儿童的教育和再教育中，如果经过了深思熟虑并做出客观判断，那么我们将能够更有把握地预测我们的努力会带来怎样的结果。在教育工作中，实践和勇气是必不可少的，同时我们还要有一种不可动摇的信念，即无论环境如何，我们总有办法防止孩子出现问题。首先，我们有一个古老而公认的规则，即开始永远不嫌早。那些习惯于把人视为一个整体，以及把症状作为整体的一部分的人，比那些习惯于抓住一个症状，并根据某种僵化的方式对孩子进行治疗的人，能够更好地理解和帮助一个孩子。后面这种情况，举个例子来说就是，当一个孩子没有完成家庭作业时，老师会立即写一张便签，把这件事告诉父母。

我们正在进入一个为儿童教育带来新思想、新方法和新理解的时代。科学正在摒弃那些陈旧的习俗和传统。我们获得的知识使教师肩负起了更多的责任，但是作为补偿，它也使教师对儿童问题有了更多的理解，从而有了更大的能力去帮助那些由他来教育的孩子。重要的是要记住，如果脱离了整体的人格，一个单一的行为表现是没有意义的，只有当我们将它与人的其他方面联系起来进行研究时，我们才能真的理解这种行为。

附录

附录 1　个人心理问卷

本问卷用于理解和治疗问题儿童，由国际个体心理学家协会起草。

1. 问题是从什么时候开始的？当孩子的问题第一次被注意到时，他觉得自己处于什么样的情况（心理的或其他方面的）？

下面这些方面很重要：环境的变化、学校生活的开始、家中其他孩子的出生、兄弟姐妹、学习成绩不好、换了老师或学校、新的友谊、孩子患病、父母离婚、父母再婚、父母死亡。

2. 孩子很小的时候，是否就出现了一些异常之处，比如心理或生理缺陷、胆小、粗心、沉默、笨拙、嫉妒、羡慕，在吃饭、穿衣、洗漱或睡觉方面依赖他人？孩子是否害怕独处或黑暗？孩子知道自己的性别吗？有没有出现第一、第二或第三性别特征？孩子是如何看待异性的？孩子对自己的性别角色有多了解？他是继子吗？是私生子吗？是养子吗？是孤儿吗？他的养父母如何对待他？还有别的联系人吗？他是否在恰当的时间学会了说话和走路？有遇到困难吗？出牙正常吗？他在学习阅读、绘画、唱歌、游泳方面有遇到明显的困难吗？他是否特别依恋父亲、母亲、祖父母或保姆？

有必要确定他对周围环境是否满意，并找到他自卑的根源；他是否有回避困难的倾向，是否表现出了以自我为中心和敏感的性格特征。

3. 这个孩子是否制造了很多麻烦？他最怕什么事和什么人？他晚上会哭闹吗？他会尿床吗？他是否对弱小的孩子盛气凌人？对强壮的孩子也如此吗？他有没有表现出想睡在父母床上的强烈愿望？他是否笨手笨脚？他有没有患佝偻病？他的智力怎么样？他经常被嘲笑和被奚落吗？他是否在头发、衣服、鞋子等方面表现出了虚荣心？他是否喜欢咬指甲或抠鼻子？他吃东西时会狼吞虎咽吗？

在获得优越感之后，他是更勇敢了还是更不勇敢了？固执是否抑制了他采取行动的冲动？了解这些将是很有启发性的。

4. 他能轻松地交到朋友吗？他是否对人和动物表现出了宽容心，还是会骚扰和折磨人和动物？他喜欢收集或囤积东西吗？他贪婪吗？他会领导别人吗？他有没有孤立自己的倾向？

这些问题与孩子的交往能力和不自信程度有关。

5. 根据以上所有问题，确定孩子现在的状态如何。他在学校的表现如何？他喜欢上学吗？他会准时到校吗？上学前他会感到兴奋吗？他是否匆匆忙忙的？他丢失过自己的书、书包、练习本吗？做练习和考试前他会紧张吗？他会不会忘记做作业？还是抗拒做作业？他会浪费时间吗？他懒惰吗？他是否注意力不集中？他是不是会扰乱课堂？他怎么看待老师？他对老师是否挑剔、傲慢或冷漠？他会主动请别人帮他辅导功课，还是等别人主动来帮他？他在体育运动方面，是否表现出更强的竞争性？他认为自己天赋较少还是完全没有天赋？他是阅读爱好者吗？他更喜欢什么样的文学作品？

这些问题，可以帮助我们了解孩子为学校生活做好了多大程度的准备，了解“上学实验”的结果，以及他对困难的态度。

6. 了解关于家庭环境、家庭疾病、酗酒、犯罪倾向、神经症、体质虚弱、梅毒、癫痫、生活水平的准确信息。是否有家庭成员去世，当时孩子几岁？他是不是孤儿？谁是这个家庭的精神支柱？家庭教育是严厉的、充满责备和挑剔的，还是纵容的？是否存在使孩子害怕生活的家庭影响因素？父母对孩子的监管如何？

我们可以从孩子在家庭中的地位和他对家庭的态度，来判断他在家庭中感受到的影响。

7. 孩子在家庭中处于什么位置？他是老大、老小、独生子、唯一的男孩或唯一的女孩吗？孩子之间是否存在竞争？是否有很多哭闹？是否存在恶意嘲笑？有贬低他人的强烈倾向吗？

以上问题对我们研究孩子的性格、了解孩子对他人的态度来说很重要。

8. 孩子对选择职业有什么想法吗？他是怎么看待婚姻的？家庭的其他成员从事什么职业？父母的婚姻生活如何？

从这些问题中，我们可以得出的结论是孩子是否对未来有勇气和信心。

9. 他最喜欢的游戏、故事、历史和小说中的角色是什么？他喜欢在其他孩子玩游戏的时候捣乱吗？他富有想象力吗？他是一个头脑冷静的思想家吗？他是不是喜欢做白日梦？

这些问题测试的是孩子在生活中扮演英雄的可能倾向。孩子行为上如果出现反差，则可以被看作是孩子失去了勇气的迹象。

10. 孩子有哪些早期记忆？有没有一些令人印象深刻的或者定期做到的梦，比如关于飞翔、坠落、无能为力、赶不上火车、焦虑的梦。

从这些问题中，我们可以发现孩子是否有孤立自我的倾向、是否被警告要小心、是否有雄心勃勃的特点、是否偏爱特定的人、是否偏爱乡村生活等。

11. 孩子在哪些方面没有勇气？他认为自己被忽视了吗？他会乐于回应别人的关注和赞美吗？他有迷信的想法吗？他会回避困难吗？他是否尝试过各种各样的事情，却又放弃了？他对自己的未来是不是没有把握？他相信遗传的不良影响吗？他有没有因为周围的人而失去勇气？他的人生观是悲观的吗？

通过这些问题，我们可以确定孩子是否已经对自己失去了信心，以及现在是否走在一条错误的道路上。

12. 孩子还有其他的小花招或坏习惯吗，比如做鬼脸，假装自己是愚蠢的、幼稚的、滑稽的？

在这些情况下，为了吸引别人的注意力，孩子需要表现出一点勇气。

13. 他有语言障碍吗？他是否长相丑陋？有足部畸形吗？有八字脚或 O 型腿吗？有发育不良吗？身材是否异常粗壮或高大？身材比例是否严重不协调？他的眼睛或耳朵是否有先天异常？他智力发展迟缓吗？是左利手吗？他晚上会打鼾吗？他非常英俊吗？

孩子通常会高估不利条件的严重性，并且可能会因此而一直灰心丧气。如果是一些长相非常漂亮的孩子，成长中经常遇到的一种错误是，沉迷于认为不努力就能得到他们想要的一切的想法。这样的孩子会错过很多为生活做好准备的机会。

14. 他是否经常谈论自己在学习、工作和生活方面的无能和“缺乏天赋”？他有自杀的念头吗？他的失败和困难之间有什么联系吗？他是否高估了表面上的成功？他是卑躬屈膝的、固执己见的或倔强叛逆的吗？

在这里，我们看到了极度沮丧的表现，大多数是在孩子努力摆脱烦恼却徒劳之后表现出来的。他的失败部分是由于他的努力没有效果，部分是由于他接触的人对他缺乏了解。但是，他的意愿必须用某种方式，在某些地方得到满足，因此他会寻找其他更轻松的方式来满足这种追求，即在不太重要的战场上取得胜利。

15. 列出孩子在哪些方面是成功的。

这些“积极表现”给了我们重要的启发，因为孩子的兴趣、性格倾向和准备很可能会指向一个与他迄今为止所走的道路完全不同的方向。

从对上述问题的回答中，我们可以对孩子的性格特征形成一个正确的看法。这些问题不应该按照固定的或程序化的顺序给出，而是应该建设性地通过谈话的方式给出。我们将看到，尽管孩子出现的失败并不符合常理，但我们可以想象到，也可以理解。对于所暴露出来的错误，我们应该用谨慎友好的方式加以解释，而不能对孩子进行任何威胁。

附录2 5个孩子的案例

案例一

有一个15岁的男孩，他是家里唯一的孩子。他的父母都努力工作，以使全家过上舒适的生活。他们也小心翼翼地使这个男孩保持身体健康。男孩小的时候生活得健康而快乐。他的妈妈是一个心地善良的人，但是特别容易哭。她诉说儿子的事情时很努力，但也常常因哭泣而中断。我们并不了解孩子的父亲，但母亲说他是一个诚实、精力充沛、热爱家庭、很有自信的人。这个男孩小时候很不听话，他的父亲就会说，“如果我不打消他的想法，他会更肆无忌惮的。”他所谓的“打消”就是给孩子树立一个好榜样，但不是通过教他多少东西，而是在他做错事的时候责罚他。在这个男孩的童年早期，他的叛逆表现在他想当家里的主人，这种欲望经常出现在被宠坏的独生子身上。他很早就表现出明显的不服从倾向，并且养成了只要他感觉父亲不会打他，就拒绝服从的习惯。

如果我们在这里停下来，问一问这个孩子肯定会发展出哪些显著的性格特征，那么答案一定是“撒谎”。他会通过撒谎来逃脱父亲的严厉惩罚。这确实是他母亲来找我们的主要困扰。现在这个孩子已经 15 岁了，但是父母永远不知道他是在撒谎还是在说真话。当我们更深入地探究下去，就听到了下面这些情况：这个孩子曾在一所教会学校待过一段时间，他的老师也抱怨他不服管教、扰乱课堂秩序。例如，老师没有问他，他也会大声地说出答案，或者他会通过提问打断老师讲课，或者在课堂上大声地和同学说话。他的作业字迹潦草。此外，他还是左利手。他不断违反学校的规定，而且因为害怕父亲的惩罚，说谎的次数明显变多。他的父母起初决定把他留在学校学习，但是不久就不得不带他回去，因为他的老师认为已经对他无能为力了。

这个男孩看起来是个活泼开朗的孩子，老师也都认可他很聪明。他读完公立中学后，必须参加高中入学考试。他的母亲在考试后等待着他的考试结果，他告诉母亲自己已经通过了考试。全家都很高兴，便一起去乡下过了一个暑假。这个男孩经常谈到高中的事。然后高中开学了。男孩每天收拾好书包去上学，中午还回家吃饭。然而，有一天，母亲陪他走了一段路，当他们一起过马路时，她听到一个人说：“这就是今天早上给我指了去车站的路的那个男孩。”妈妈问他那个人是什么意思，问他今天早上是不是没去上学。男孩回答说，学校10点钟就放学了，所以他陪那个人一起走到了火车站。他的母亲对这个解释并不满意，回家后跟他父亲谈了这件事。父亲决定第二天陪儿子去上学。第二天，在上学的路上，父亲通过追问得知儿子入学考试没及格，因此他从来没有去过高中，这些天来一直在街上闲逛。

他的父母给他请了一位家庭教师，这个男孩最终通过了考试，但他的情况并没有得到改善。他依然会扰乱课堂秩序，而且开始偷东西。他从母亲那里偷了一些钱，并极力在这件事上撒谎，直到父母威胁要叫警察时他才承认。现在摆在我们面前的是一个令人遗憾的案例。他的父亲之前骄傲地认为自己能使儿子屈服，如今却不再对儿子抱有希望。这个男孩受到了惩罚，被晾在一边，没有人跟他说话，也没有人关注他。他的父母还声称再也不打他了。

我们询问母亲，孩子是从什么时候开始出现这些问题的，母亲回答说“从他出生开始”。当我们得到这样一个回答时，我们猜想母亲想暗示这个男孩的不良行为是天生的，因为他的父母已经尝试了一切办法来纠正他，但都没有成功。

当他还是个婴儿的时候，就非常不安，日夜哭泣。然而，所有的医生都说他很正常、很健康。

这并不像听起来那么简单。婴儿哭泣这一事实并没有什么特别的。原因有很多，特别是在独生子女的情况下，母亲并没有养育经验。这样的孩子哭通常是因为他尿湿了，但母亲并不总是能够意识到这一点。当他哭的时候，他妈妈做了什么呢？她把孩子抱在怀里，轻轻摇晃他，并且给他喝了点奶。实际上，她应该做的是找出孩子哭泣的真正原因，然后让孩子舒服一些，之后就不需要过多地注意他了。这个孩子会停止哭泣，而且这件事也不会在他心里留下阴影。

他的母亲说，他在正常年龄学会了说话和走路，并没有遇到什么困难，他的牙齿发育也很正常。他有个习惯是一拿到玩具就把它们弄坏。这样的表现我们常常见到，它并不能表明孩子的性格不好。值得注意的是这句话："让他在任何一件事上专注一会儿是根本不可能的。"在这里，我们必须问一问，一个母亲应该如何训练孩子独自玩耍。只有一种方法，家长必须允许孩子专心致志，而不受大人打扰。我们怀疑这个母亲没有这么做，而且有几句话表明了这一点。例如，那个男孩总是让她有做不完的事，他总是黏着她，等等。这是孩子想让母亲宠爱他的最初的尝试，是他心灵画卷上最早的印记。

我从来没有把这个孩子单独晾在一边。

母亲这么说显然是出于自我防卫的目的。

我们从来没有让他单独待着过，直到今天，他也不愿意自己一个人待着，哪怕只有一个小时。晚上他也从来不会孤单，我们从来不会让他自己一个人待着。

这证明了孩子与母亲的关系是多么紧密，他一直以来都非常依恋母亲。

他从不害怕，至今都不知道什么是害怕。

这是一个挑战心理学常识的表述，因为它与我们的发现并不一致。对事实的进一步研究可以给我们提供解释。这个男孩从来没有一个人独处过，因此，他没有必要害怕。因为对这样的孩子来说，害怕只是一种迫使别人留在他们身边的手段而已。这样一来，就没有什么让他感到恐惧了，但是一旦让他独处，他就会表现出这种情绪。接下来又出现了一个看起来矛盾的表述。

他很怕他父亲的藤条。但是，他确实害怕了吗？藤条一抽完，他马上就忘掉了，很快又活跃起来，尽管他有时被揍得很厉害，也是如此。

在这里我们看到了不幸的对比：他的母亲处处依着孩子，父亲却非常严厉，想纠正母亲的心软。由于父亲态度严厉，孩子越来越向母亲靠拢。也就是说，他转向了那个纵容他的人，转向了那个让他轻而易举、毫不费力地得到一切的人。

6 岁时，他上了一所教会学校，也是从这个时候开始，老师开始抱怨他的好动、不安分和注意力不集中。老师对他行为的抱怨比对他学习的抱怨要多得多。其中，最引人注目的是他的不安分。当一个孩子想要吸引别人的注意力时，有什么选择比不安分更好呢？这个孩子想要被注意。他已经养成了吸引母亲注意力的习惯，在学校这个更大的范围里，他想要吸引更多人的注意。如果老师不明白孩子的意图，会把孩子单独拎出来责骂或训斥，试图纠正孩子的行为，然后孩子就达到了他的目的。为了得到别人的关注，孩子不得不付出很大的代价，但他已经习惯了。他在家里被打得够多了，但他的行为仍旧没有改变。我们能不能认为，通过让学校采取比较温和的惩罚方式，可以帮助孩子改变？实际上这种情况是最不可能出现的。当他屈从父母的意愿去上学时，他仍想成为人们关注的焦点，以此作为一种补偿措施。

家长曾向他指出，为了全班同学好，大家都需要保持安静。家长希望通过这种方式来改善他的行为。但当听到这种无用的劝告时，我们会怀疑父母是否有这方面的常识。其实，这个男孩和大人一样知道什么是对的，什么是错的，只是他正忙于另一个问题，即他想要被人关注。但在学校，他无法通过安静而得到任何关注，努力学习也无法引起别人的关注。一旦我们知道他给自己设定的是这样的任务，我们就不会觉得他的行为有什么难以理解之处了。显然，当父亲拿着藤条过来的时候，这个男孩会安静一会儿。但这位母亲说，只要父亲一走，孩子就会重新开始不安分。他认为鞭打和责罚只是一种暂时的阻碍，只会在短时间内干扰他去寻求别人的关注，但无论如何也不可能带来持久的改变。

但他总是无法控制自己的情绪。

孩子要想引起别人的注意，显然他必须通过情绪失控之类的方式来达到。我们看到，人们通常所说的情绪失控不过是一种完成任务的便捷手段，是一种由目标决定的行为方式。例如，如果一个人想安静地躺在沙发上，他通常就不需要培养出这种情绪失控的性格。这种情绪失控，变成了我们了解一个人内心想法的一个可以借助的迹象——在这个案例中，是为了让自己引人注目。

他养成了把各种东西从家里带到学校并换成钱的习惯，然后用换来的钱与同伴一起玩乐。父母发现后，就在他每天上学前搜他的身，最后他终于放弃了这种做法，开始搞搞恶作剧、捣捣乱。这个变化，是因为他父亲严厉的惩罚才出现的。

我们可以理解他为什么要搞恶作剧和捣乱，因为他想让别人注意到他，让老师不得不惩罚他，让自己凌驾于学校的规定之上。

他捣乱的欲望逐渐减少，但时不时地会卷土重来，最后导致他被一所学校开除。

这也证实了我们前面所说的观点。这个男孩在努力获得他人认可的过程中自然会遇到障碍，他对这些障碍有所觉察。此外，如果我们考虑到他是左利手，就可以对他的心理有更多的了解。我们可以推断，尽管他想避免困难，但他总是躲不过去，而且缺乏解决困难的自信。但是，他对自己越没信心，就越想证明自己值得被别人关注。他一直在捣蛋，直到学校再也受不了他，把他开除了。如果我们基于正当的理由，认为学校不能让一个捣蛋鬼打扰其他学生的学习，那么除了开除这个人之外，别无他法。然而，如果我们认为教育的目的是纠正孩子的缺点，那么把他开除就不是正确的办法了。这种做法使得男孩更容易获得母亲的关注，而不需要在学校里努力搞破坏。

这里需要指出的是，在一位老师的建议下，他在假期被送到了另一个家庭。在那里，他受到了比学校更严格的监督，但这个尝试最终也失败了。他的父母仍然是孩子的主要监护人。这个孩子每个星期天都回家，这使他非常高兴。然而，当不被允许回家时，他也并不生气。这是可以理解的。他想要让自己变成一个了不起的人，并希望别人也这样认为。他并不认为挨打有什么大不了的，也不允许自己哭，不允许自己做出任何不像男子汉的举动，不管事情有多么糟糕。

他的学习成绩并不太差，因为家里为他请了家教。

我们由此可以得出结论，他并不是一个独立的孩子。老师告诉父母，如果他能稍微安静一点，他会学得更好的。我们相信这个男孩可以学得更好，因为除了智力有缺陷的孩子之外，没有哪个孩子学不会东西。

他没有绘画天赋。

这一点也很重要，因为我们可以猜想，他还没有完全克服他右手的笨拙。

他在运动方面是最好的学生之一，他很快就学会了游泳，而且从不惧怕危险。

这表明他并没有完全失去信心和勇气，但是他一直把自己的勇气用在无关紧要的事情上——用在那些他能轻易做到，并且确信会成功的事情上。

他一点都不害羞，会告诉每个人他的想法，无论这个人是清洁工，还是学校的校长，尽管他已经被一次又一次地告诫不要这么鲁莽。

我们已经知道，当他被禁止做这个或那个的时候，他根本不在意，所以我们不能认为他不害羞代表着他有勇气。我们知道，很多孩子都非常清楚，自己与老师和学校管理人员之间是有距离的。他不怕被父亲鞭打，自然也不怕校长，而且为了让自己显得重要，他说话粗鲁无礼，这样一来他就真的实现了自己的目标。

他不太确定自己的性别，但常常说他不想成为女孩。

还没有明显的迹象表明他对自己的性别有什么看法，但我们总能在这种淘气的男孩身上发现轻视女孩的倾向。他们从轻视女孩的过程中获得一种优越感。

他没有真正的朋友。

这是很好理解的，因为其他孩子也并不总是喜欢让他成为领导者。

他的父母还没有向他解释过性方面的问题。他的行为总是表现出他希望控制别人。

对于我们必须大费周章才能了解到的一些有关他的事实，其实他自己很清楚。也就是说，他很清楚自己想要什么，但无疑，他并不知道自己的无意识目标和自己的行为之间的关系。他不知道自己控制欲望的强烈程度和它的起源。他想要控制别人是因为他看到他的父亲这么做。他越想要掌控感，就越软弱，因为他必须依赖别人。而作为他的榜样的父亲，却是以一种独立自主的方式实现对别人的掌控的。换句话说，这个男孩的野心是建立在他的软弱之上的。

他总是想惹是生非，即使在那些比他强大的人面前也是如此。

然而，这些较强的人其实处于弱势，因为他们必须认真对待自己的职责。而这个男孩却可以很放肆，因为他只相信自己。顺便说一句，要摆脱他的这种放肆无礼的毛病是不容易的，因为他不相信自己有能力学习任何东西，因此不得不藏在这种放肆无礼的后面。

他并不自私，而是会慷慨地给予。

如果我们认为这是善良的标志，那么就很难发现这种慷慨与他性格中其他方面之间的联系。我们知道，一个人可以通过慷慨来显示他的优越性。很重要的一点是，要看清慷慨这种特质与他获得权力的欲望之间的关系。这种慷慨让他感觉自己高人一等。很有可能，通过慷慨来炫耀的做法是他从父亲那里学来的。

他仍然会给我们制造很多麻烦。他首先害怕他的父亲，其次害怕他的母亲。他任何时候都可以起床，并不特别爱慕虚荣。

最后一点指的是外在的虚荣心，因为他内在的虚荣心是巨大的。

他已经改掉了挖鼻子的旧习惯。他是一个固执的孩子，对食物很挑剔，不喜欢吃蔬菜和肥肉。他不是完全不喜欢交际，但更喜欢和那些他能支配的孩子交往，也非常喜欢动物和鲜花。

喜欢动物的背后总是有着追求优越感和掌控感的需要。这样的爱好，人们当然不会反对，因为它有助于世间万物团结起来。然而，在这样的儿童身上，我们却发现这表达了一种掌控的愿望，而且往往会给母亲带来更多需要照料的事物。

他表现出强烈的领导欲望，但显然不是智力方面的领导。他养成了收集东西的习惯，但又没有足够的耐心，因此从来没有完整地收藏过什么东西。

这类人的悲剧就在于他们凡事都半途而废，因为他们害怕完成一件事后为结果负责。

从 10 岁开始，他的行为总体上有了进步。以前家长不可能把他关在家里，因为他总想到街上去扮演英雄人物。通过付出巨大的努力，他取得了进步。

事实上，把他限制在家中狭小的房间里，是满足他强烈的自我肯定愿望的最好办法。因为在狭小的空间里，他可以搞更多的破坏。在适当的监督下，他也可以上街。

他一回家就会开始做作业，而且表现得没有离开家的愿望，但他会想方设法地浪费他的时间。

如果我们把孩子限制在一个狭小的范围内，使他一直在我们的监督下学习，就会经常发现他在分心和浪费时间。我们必须给他活动的空间，让他和其他孩子待在一起，以便他能够在和小伙伴相处时发挥自己的作用。

他过去非常乐意去上学。

这说明那时候学校老师对他不严厉。在这种情况下，他就可以扮演英雄的角色。

他过去总是遗失很多课本。他并不害怕考试，他总是相信自己可以把什么事情都做得很出色。

我们在这里发现了一个相当普遍的特征。如果一个人在任何情况下都是乐观的，这就表明他并不自信。这样的人当然是悲观主义者，只是他们会想方设法地使自己违背逻辑，逃避到一个可以获得一切的幻想的世界中去。即使他们遭受了失败，他们也不会表现出任何惊讶的迹象。他们有一种命中注定的感觉，这让他们看起来像乐观主义者。

他很难集中注意力。有些老师喜欢他，而另一些老师则非常不喜欢他。

那些态度温和、对他的举止很满意的老师似乎在任何情况下都很喜欢他。他也很少给这些老师捣乱，因为他们不会给他安排特别困难的任务。像大多数被宠坏的孩子一样，他要么没有集中注意力的意向，要么没有集中注意力的习惯。直到 6 岁，他都觉得没有必要集中注意力，因为他妈妈可以照顾好他的一切。他感觉生活中的一切都是预先安排好的，就像他被关在笼子里一样。但一遇到困难，他就会感到自己准备不足。他没有学会怎么应对困难，他对别人也没有兴趣，因而无法与他们合作。他既没有欲望，也没有自信去独立地完成一些事情。他所拥有的只是一种出人头地的欲望——一种不需要任何努力就能出人头地的欲望。但他没能扰乱学校平静安宁的整体环境，也没能引起别人的关注，这使得他的性格变得更差了。

他总想做什么事都轻而易举，做什么事都不用考虑别人。这已经成为他生活的重要主题，并表现在他所有的具体行为中，比如偷窃和说谎。

这个孩子在生活方式形成过程中所犯的错误是显而易见的。毫无疑问，母亲给他提供了一种动力来发展他的社会情感，但无论是他的母亲，还是他严厉的父亲，都没能为他的社会情感的进一步发展提供必要的指导。他的这些社会情感，只有局限在他母亲周围时才有效。只有母亲在场时，他才觉得自己是关注的焦点。

因此，他对优越感的追求不再指向生活中有用的方面，而是指向个人的虚荣心。为了把他引向生活中有用的一面，我们必须重新塑造他的性格。我们必须帮他重拾信心，这样他才会愿意听我们的。与此同时，我们必须扩大他的社会关系范围，以弥补他母亲没能为他做到的部分。他需要与自己的父亲和解。他的教育必须一步一步地开展，直到这个男孩能够像我们理解的那样理解他过去的生活方式中的错误。随着他的兴趣不再集中于母亲一个人身上，他的独立性和勇气将得到增长，进而可以把自己的优越感追求转向对生活有用的方面。

案例二

这是一个 10 岁男孩的案例。

学校对他的抱怨是，他功课很差，而且已经落后了三个学期了。

10 岁就落后了三个学期——我们会怀疑他是否有智力缺陷。

他现在读的是三年级第二学期，智商是 101 分。

因此，他不可能有智力缺陷。那么，他落后的原因是什么呢？他为什么会拖累班级？我们看到他也有一定的努力和积极行动，但都在无用的方面。他想要变得有创造力、更活跃，成为关注的焦点，但他用了错误的方式。我们还可以看到他反抗学校，是个斗士，是学校的敌人。所以，我们可以理解他为什么会落后，遵守学校的规章制度对于这样一个好斗的人来说是非常困难的。

他不太会服从命令。

这是非常明显的。他会机智行事，也就是说，他的反抗是有一套方法的。如果他是一个斗士，那么他必定会抵抗老师的命令。

他和其他男孩打架。他把玩具带到学校里来。

他想打造一个属于自己的学校。

他的口算不太好。

这意味着他缺乏社会情感，以及与口算相适应的社会逻辑（见第 6 章）。

他有语言缺陷，每周去上一次语言训练课。

这种语言缺陷不是生理缺陷导致的。这是缺乏社会合作的一种表现，在说话方面表现为语言障碍。语言代表着一种合作的态度，即一个人必须与他人联系起来的态度。事实上，这个男孩把这种语言缺陷作为他好斗的工具。对于他并不寻求治好这种语言缺陷，我们无须感到奇怪。因为弥补语言缺陷，就意味着他要放弃这个用来吸引别人注意的工具。

当老师跟他说话时，他的身体会左右摇摆。

这就好像他在准备战斗。他不喜欢老师对他说话，因为老师说话时，他就不是关注的焦点。如果老师说话，他不得不听，那么他便认为老师就是征服者。

他的母亲（确切地说是继母，因为他的母亲在他幼年时就去世了）只是抱怨说他有点神经质。

神经质这种神秘的说法，其实掩盖了孩子的很多不良行为。

他是由两位祖母抚养长大的。

有一个祖母就够糟糕的了——我们都知道，祖母通常会以一种可怕的方式溺爱孩子。值得思考的是她们为什么会这么做。这是我们的社会文化的责任——年老的女性没有立足之地。她们反抗这种待遇，希望得到公正的对待——在这方面她们相当正确。祖母想要证明自己存在的重要性，她通过溺爱孩子，让孩子依赖她来做到这一点。通过这种方式，她维护了自己作为个体被社会认可的权利。

正如前面所说，这个孩子有两个祖母，所以你可以想象得到，她们之间有一场可怕的竞争正在进行着。每一个祖母都想要证明孩子更喜欢自己。自然，在这种争夺孩子的偏爱的竞争之下，孩子发现自己仿佛置身于天堂之中，在这里他可以得到自己想要的一切。他只需要说“另一个祖母给了我这个东西”，那么听到这个话的祖母就会想要战胜她的竞争对手。在家里，这个孩子是关注的焦点，我们可以看到这个孩子是如何使赢得这种注意力变成自己的目标的。现在他上学了，可是学校里没有两个祖母，只有一个老师和许多孩子。在学校，他成为焦点的唯一办法就是打架。

与两位祖母一起生活的时候，他的学习成绩不好。

学校对他来说并不是一个适合的地方。而且他对上学毫无准备。学校这个地方很考验他的合作能力，而他过去并没有受过这方面的训练。母亲才是最能帮助他发展这种合作能力的人。

父亲一年半前再婚了，之后孩子就和父亲及继母住在一起。

当然，我们在这里发现了一个特别困难的情况。当继母或继父进入孩子的生活时，麻烦就开始了，或者说困难就增加了。继父母的问题由来已久，而且还没有找到改善的办法。这种情况下，孩子会尤其痛苦。即使是最好的继母，一般也会遇到麻烦。这不是说继父母的问题无法解决，只是说它只有通过某种特定的方式才能得到解决。继母和继父不应该指望得到孩子的理解，并把这种理解当作自己的权力，而是应该尽自己最大的努力去赢得孩子的理解。两个祖母使这个孩子的情况更加复杂，因此这个继母与孩子之间的困难也增加了。

继母刚来到这个家庭时，努力表现得慈爱。她竭尽全力地去赢得那个男孩的信任。此外，孩子的哥哥也是个问题。

也就是说，家里还有一个战士，想想两兄弟之间可怕的竞争，这只会增加他的好斗性。

孩子很害怕父亲，听父亲的话，却不听母亲的话。于是母亲就会向父亲告状。

这种情况实际上就等于母亲教育不了孩子，所以她把教育的任务交给了孩子父亲。如果母亲总是向父亲报告说孩子们做了什么、不做什么，当她用“我会告诉你父亲的”这样的话来威胁孩子时，孩子就会明白母亲拿他没办法了，所以他就会找机会对母亲发号施令。如果母亲以这样的方式说话和行动，就表明了她有自卑情结。

如果他答应守规矩的话，妈妈会带他出去玩，给他买东西。

母亲的处境很困难。为什么？因为她总是生活在祖母的阴影之下，孩子会认为祖母更重要。

祖母只是偶尔来看看孩子。

如果一个人只是偶尔过来花几个小时看一下孩子，就很容易把所有的麻烦都留给母亲。

家里似乎没有一个人真正爱这个孩子。

看起来他们都不再喜欢他了。现在，在用溺爱的方式把孩子宠坏之后，就连祖母也不喜欢他了。

父亲会打他。

然而，鞭打并不起作用。这个孩子喜欢赞美，如果得到赞美，他会感到心满意足。但他不知道如何用一种正确的方式来赢得表扬。他更喜欢无需努力就能得到老师的表扬。

如果受到表扬，他会表现得更好。

当然，所有想要成为关注焦点的孩子都是这样。

老师不喜欢他，因为他整天闷闷不乐。

这是他所能采取的最好的办法，因为他是一个斗士。

这孩子尿床。

这也是他渴望成为关注焦点的一种表现。他不是用直接的方式战斗，而是用间接的方式战斗。他如何用间接的方式和他的母亲战斗呢？通过尿床而使母亲半夜起床，通过在夜里大喊大叫，通过在床上读书而不是睡觉，通过早上不起床，当然也通过不良的饮食习惯。总而言之，他总有办法让母亲关注他，不管白天还是晚上。他用尿床和语言障碍这两种武器与所处的环境做斗争。

母亲为了让他改掉尿床的习惯，半夜会叫醒他好几次。

也就是说，这位母亲夜里也会有好几次和他在一起。

因此，即便是用这种方式，他也达到了自己的目的。

学校里的孩子们不喜欢这个男孩，因为他想对他们发号施令。有几个弱小的孩子则试图模仿他。

他是一个不但弱小而且缺乏自信的人，而且从没想过以勇敢的方式生活下去。学校里有一些弱小的孩子喜欢模仿他，因为这恰好是弱小的孩子获得关注的合适的方法。

另一方面，他并不是真的令人讨厌，“当他的作业被选为最佳作业时，其他孩子都会高兴地认为他进步了。”

当他进步时，其他孩子为他感到高兴。这对老师来说也是一个很好的迹象。这个老师真正懂得如何调动孩子们的合作精神。

这个男孩喜欢和其他孩子在街上玩球。

当他确信自己一定会成功并战胜他人时，他才会与他人建立关系。

我们与这位母亲讨论了这个案例，并向她解释说，她要面对孩子和孩子的两个祖母，因此处境非常艰难。我们还向她解释说，男孩嫉妒他的哥哥，总是担心自己会落后。在采访过程中，这个男孩一句话也没说，尽管我们告诉他诊所里的人都是他的朋友。对这个男孩来说，讲话意味着合作。他想要战斗，所以他克制自己，没有说话。我们从他拒绝做任何事来改变自己的语言障碍可以看出，他同样缺乏社会情感。

这似乎令人吃惊，但实际上我们经常发现，即使是成年人，在社会生活中也会这样做，即他们通过不说话来进行抗争。曾经有一对夫妻，他们大吵了一架。丈夫大声尖叫着对妻子说："你看，现在你无话可说了吧！"妻子回答说："我可不是无话可说，我只是不想说话！"

就这个男孩而言，他也"只是不想说话"。咨询结束后，他被告知可以走了，但他似乎不想走。他想要抗争，被告知讨论已经结束了，可他还是不想走。我们让他下周再跟父亲一起来。

同时，我们对他说："你不说话是对的，因为你总是做与规则相反的事。如果有人叫你说话，你会沉默；而当你在学校，应该保持安静时，你却会通过说话来扰乱课堂。你相信这样才算一个英雄。如果我们告诉你'不许说话'，那么你就会想说话。所以，我们只需要引导你，要求你去做与我们想要的相反的事情，你就会乖乖就范。"

显然，我们可以使这个孩子说话，因为他需要回答问题。在这种情况下，他就会通过说话与我们进行合作。后来，我们才向他解释，我们这么做是为了让他认识到自己的错误，并以这种方式使他逐渐得到改善。

在这方面，我们应当记住的是，只要这个孩子还处于他以前习惯的环境里，他就没有改变的动机。他的母亲、父亲、祖母、老师、同伴都适应了他习惯的生活方式。他对这些人的态度也已经固定下来了。但当他来到诊所时，面对的是一个全新的环境。我们甚至必须努力让这种新环境变得尽可能新奇，事实上需要变成一个全新的环境才行。这样，就能更好地揭示出在他之前所待的环境里形成的那些性格特征。在这种情况下，告诉他“你不能说话”是一个好办法，于是他就会说“我要说话”。这样，尽管我们不是直接与他交谈，他也因此不用处处警惕，压抑自己说话的愿望。

在我们的诊所，孩子们通常会站在一大群听他说话的人面前，这给他们留下了深刻的印象。这是一种全新的环境，它给孩子们的印象是，他们不仅与自己的小天地联系在一起，而且其他人也对他们感兴趣，因此他们就成了一个更大的整体的一部分。所有这一切都使他们比以前更想成为整体的一部分，特别是当他们被要求下次再来的时候。他们知道会发生什么——人们会问他们问题，会被问到近况如何，等等。有些人一周来一次，有些人每天都来，这要视情况而定。他们会在这里接受对应老师的训练。他们知道自己不会被指责、羞辱或批评，但每件事都会得到评价，就像透过一扇开着的窗户看外面的东西一样一览无余。

这总是让人印象深刻。如果一对夫妇在吵架，那么只要有人打开窗户，他们的争吵就会停止，因为开窗之后，就是完全不同的情况了。开窗之后，别人可以听到他们争吵的声音，人们都不希望在别人心中留下有关他们性格特征的错误印象。这是一种进步，也是孩子们来到诊所时，我们所做的事情。

案例三

这个案例中的孩子是家中长子，今年 13 岁半了。

在他 11 岁的时候，他的智商是 140 分。

因此，可以说这是个聪明的孩子。

自从他进入高中第二学期以来，他几乎不再进步了。

根据经验我们知道，如果一个孩子认为自己很聪明，他就会期望自己无须付出努力就能得到一切，结果他很容易就会止步不前。比如，我们发现这些孩子在青春期的时候会感觉自己比实际情况要成熟得多。他们想要证明自己不再是孩子了。他们越是试图证明自己，就越是会在现实中遇到困难。然后，他们开始怀疑自己是否真的像此前自己一直认为的那样聪明。此时，我们不建议告诉一个孩子他很聪明或者他有 140 分的智商。儿童不应该知道自己的智商，他们的父母也不应该知道，因为这一切仅仅说明了为什么这么聪明的孩子以后会失败。这种情况非常危险。

如果一个雄心勃勃的孩子没有把握使用正确的方法去获取成功，他就会走上一条错误的道路去追求成功。这种错误的方式有：变得神经质、自杀、犯罪、变得懒惰或浪费时间。为了在一个无用的方面取得成功，孩子可能会用上一百种不同的借口为自己辩解。

他最喜欢的科目是科学，会和比他小的男孩交朋友。

我们知道，儿童与比自己更小的孩子交往是为了让事情变得更容易，也是为了成为领导者，获得优越感。如果孩子喜欢与比他们更小的孩子交往，那么这就是一个令人怀疑的迹象，尽管并不一定总是这样——有时这种态度也是一种父性本能的表达。但这种态度有一个弱点，因为表达父性本能意味着排除与年龄较大的孩子玩耍。这种排斥是一种有意识的行为。

他喜欢足球和棒球。

由此我们可以假设，他在这些游戏中表现非常出色。可能我们还会听说，他在某些项目上很擅长，但对另一些项目不感兴趣。这意味着，在他确信能够成功的领域，他会表现得很活跃；而在那些没有把握的领域，他就会拒绝参与。这当然不是正确的做法。

他喜欢打牌。

这意味着他会浪费时间。

玩牌似乎让他不再像往常一样早睡，也不在合适的时间做家庭作业了。

现在我们看到了家人对他的真正的抱怨，这些抱怨都集中在同一点上，即他在学习上不能取得进步，因为他总是在浪费时间。

他在婴儿时期发育缓慢。但是，2 岁以后他就开始迅速发育了。

在这两年里，我们不知道为什么他会发育缓慢。他从小娇生惯养，我们现在看到的就是一个从小被溺爱的孩子长大后的样子。发育缓慢可能就是由于这种溺爱。我们看到过被溺爱的孩子，他们不想说话，不想走路，也不想活动，因为他们喜欢别人替他们做这些事，因此他们没有被刺激去发展自我。但当他快速发育的时候，唯一的解释就是他获得了发展的动力。也许有某种强烈的刺激，使他成为一个聪明智慧的孩子。

他最突出的特征是诚实和固执。

对我们来说，仅仅知道他诚实是不够的。诚实当然很好，也确实是一种优势，但我们不知道他是否会用这种诚实来批判别人。诚实也可能是他自夸的一种方式。我们知道他是一个喜欢领导和指挥别人的人，因此这种诚实也可能是他追求优越感的表现方式。我们不确定如果这个男孩处于不利的处境中，能否继续保持诚实。至于他的固执，我们发现，他真的想要坚持自己的方式，而且喜欢与众不同，不喜欢被别人领导。

他会欺负他的弟弟。

这句话证实了我们的判断。他想成为一个领导者，但是他的弟弟不听他的话，于是他就欺负弟弟。这种做法不是很诚实，而且如果你真的了解他，你会发现他在某些事上有点像骗子。他是一个自吹自擂的人，我们也可以看到他的优越感。这里所表达的其实是一种优越情结，但这种优越情结清楚地表明，他的内心深处有一种自卑感。因为被别人高估，而他低估了自己，因此他不得不通过自夸来弥补这种自卑感。过多地赞扬一个孩子其实是不明智的，因为他会觉得别人对他有很高的期望。当他发现自己无法轻易满足别人的期望时，他就会开始感到焦虑和害怕，结果就会导致孩子重新安排和规划自己的生活，以便掩盖自己的弱点。例如，他会欺负他的弟弟等。这就是他的生活方式。他觉得自己不够坚强和自信，无法独立、恰当地解决生活中的问题，所以他才热衷于打牌。当他玩牌的时候，没有人能发现他的自卑感。即使他的学习成绩变差了，父母也会说他成绩不好是因为他总是玩牌，这样他的自尊心和虚荣心就不会受到伤害了。他充满了这样的想法：“是的，因为我喜欢打牌，所以我才不是一个好学生。如果我不打牌了，我就会是最好的学生。可是，我确实会打牌。”于是他获得了心理上的满足，自我感觉良好，觉得自己可以成为最好的学生。如果这个男孩不理解自己的心理逻辑，他就会哀叹自己的情况，隐藏自己的自卑感，不让自己和别人知道。如果他还可以这么做，那么他就不会改变。因此，我们必须以一种非常友好的方式，向他揭示他性格的成因，让他知道，他的行为实际上就像一个觉得自己不够强大的人无法完成自己的工作一样。他觉得自己很强大，只是因为他把自己的软弱和自卑掩盖起来了。我们向他揭示这一点的时候，应该以友好的态度进行，并持续地鼓励他。我们不应该总是表扬他，在他面前提到他的高智商。这种不断的提醒可能会让他害怕，担心自己无法永远取得成功。我们非常清楚，在日后的生活中，智商并不是很重要。所有优秀的实验心理学家都知道，智商高低只代表了测试中的表现，而生活太复杂，不可能通过测试就能预测到。有很高的智商并不能证明一个孩子真的能够解决生活中的所有问题。

这个男孩真正的困难在于他缺乏社会兴趣，并且有自卑感。我们必须向他解释清楚这些。

案例四

这是一个8岁半男孩的案例。这个案例向我们展示了孩子是如何被宠坏的。罪犯和精神病人主要来自这类被纵容的孩子。我们这个时代最大的需要就是不再溺爱孩子。这并不意味着我们不能再喜欢他们，而是说我们必须停止一心扑在孩子身上。我们应该像朋友一样平等地对待他们。这个案例很有价值，因为它描绘了一个被宠坏的孩子的特征。

目前存在的问题是：在学校，孩子每个年级都要留级，现在才上二年级第一学期。

一方面，一个刚上学没几个学期就要留级的孩子，很可能会被怀疑有智力缺陷。我们在分析时必须记住这种可能性。另一方面，如果一个孩子一开始表现很好，后来成绩大幅下滑了，那么我们就可以排除智力缺陷这种可能性。

他像婴儿那样说话。

他想要得到宠爱，所以才会模仿婴儿那样说话。但这也意味着他头脑中肯定有一个意图和目标，因为他觉得像婴儿那样行动会对自己有利。在这个案例中，这个理性的、有意识的计划的存在，排除了他存在智力缺陷的可能性。他不喜欢学校的功课，是因为他还没有为上学做好准备。因此，他没有沿着学校的社会化路线发展，而是通过与环境对抗来表达他的追求。这种敌对态度的代价当然是他每个年级都要留级。

他不听哥哥的话，还经常和哥哥打架。

因此，我们看到哥哥对他来说是一个障碍。由此我们可以推测哥哥一定是一个好学生。他能和哥哥竞争的唯一办法就是变坏。他还可能在梦中想象，如果他是一个婴儿，他会领先于他的哥哥。

他在 22 个月的时候才学会走路。

他可能得过佝偻病。如果他直到 22 个月才学会走路，那么有可能他总是被人看护着，也有可能他的母亲在这 22 个月里一直陪伴着他。我们可以看到，这种生理上的缺陷是如何促使母亲更多地照顾和宠爱他的。

他说话很早。

现在我们可以肯定他没有智力缺陷，因为智力缺陷主要表现在学习说话很困难上。

他总是像婴儿那样说话。父亲是非常慈爱的。

父亲也溺爱他。

他更喜欢母亲。家里有两个男孩。妈妈说哥哥更聪明一些。这两个男孩经常打架。

这是一个家庭中孩子们相互竞争的问题。竞争存在于大多数家庭中，特别是家中最大的两个孩子之间，以及任意两个一起长大的孩子之间。这种情况的心理解释是这样的：当另一个孩子出生时，第一个孩子就被冷落了，而且正如我们所看到的那样（见第7章），只有孩子们做好了合作的恰当准备，这种情况才能避免。

他的算术不好。

被宠坏的孩子在学习方面的最大困难往往就是算术，因为算术包含了一定的社会逻辑，而被宠坏的孩子常常不具备这种社会逻辑。

他一定是脑子出了毛病。

我们没有发现。他的行为看上去相当聪明。

母亲和老师都认为他有手淫的习惯。

他这样做是有可能的。绝大多数孩子都会手淫。

母亲说他有黑眼圈。

我们不能仅仅从有黑眼圈就推断他有手淫的行为，尽管人们通常都会这么怀疑。

他很挑食。

我们可以看到，即使在吃饭问题上，他也总想让母亲把心思都花在自己身上。

他怕黑。

怕黑也是一个童年时期被宠坏的孩子的标志。

孩子的妈妈说他有很多朋友。

我们相信，这些朋友都是他能发号施令的。

他对音乐很感兴趣。

研究一下喜欢音乐的人的外耳是很有意义的。人们发现，有音乐天赋的人的耳朵有更好看的发育曲线。当我们看到这个男孩时，我们确信他有一双灵敏的好耳朵。这种灵敏可能表现在他对和谐的喜爱上，拥有这种特质的人，也可能有更好的资质接受音乐方面的训练。

他喜欢唱歌，但他的听力有问题。

这样的人一般很难忍受我们嘈杂的生活。这类人患上耳疾的可能性比其他人更大。听觉器官的结构具有遗传性，这就是为什么音乐天赋和听力障碍会代代相传。这个男孩患有耳疾，并且在他的家族中有一些很有音乐天赋的人。

对这个男孩来说，正确的治疗方法是让他更加独立自主。现在他不仅不能自立，还认为母亲有必要一直为他操心，不要让他单独待着。他总想得到母亲的支持，母亲当然也非常乐意给予这种支持。他现在可以自由地做自己想做的事，包括自由地犯一些错。因为只有这样，他才能学会自力更生。他要学会不再与他的哥哥争夺母亲的宠爱。目前，兄弟俩都觉得对方更受宠，因此他们都不必要地嫉妒着对方。

我们尤其需要做的是，让这个男孩有足够的勇气去面对学校生活中的问题。原因在于，我们可以想想，如果他不继续上学的话会发生什么。他一旦脱离学校，就会偏离到生活中无用的方面。今天他会逃学，明天他或许就完全不去上学了，他还可能会离家出走，并加入一个社会帮派。一分的预防，胜于十分的治疗。让他现在就适应学校生活，总比以后你去对付少年犯要好。对他而言，学校现在就是一种最关键的考验。目前，他还没有准备好用一种社会化的办法来解决问题，这就是为什么他在学校会有困难。但学校应该给他新的勇气。当然，学校也有自己的问题，也许班级人数过多，也许他遇到的老师并没有做好准备为孩子们提供心理鼓励。这就是事情的悲剧之处。如果这个男孩能找到一个合适的老师，这个老师可以鼓励他、使他振作起来，那么他就会得救。

案例五

这是一个 10 岁女孩的案例。

这个女孩是因为算术和拼写方面的困难，从学校转来诊所的。

对于一个被溺爱的孩子来说，算术通常是一门很难的科目。没有科学验证说被溺爱的孩子算术一定不好，但我们经常发现是这样的。长此以往，这就成了我们的经验。我们知道，左利手儿童在拼写方面经常有困难，因为他们习惯从右向左看，从右向左阅读。他们可以正确地阅读和拼写，只是方向是与我们相反的。通常这一点并不为人所知。人们只知道他们不能很好地阅读，只会简单地说，他们不能正确地阅读和拼写。因此，我们怀疑这个女孩可能是左利手。也许还有另一个原因使她在拼写方面有困难。在纽约，我们必须考虑这样一种可能性，也许她来自另一个国家，因此不太懂英语。在欧洲，我们则不需要太多考虑这种可能性。

她过去经历中重要的一点：她家曾在德国损失了大部分财产。

我们并不知道他们家是什么时候离开德国来到这里的。这个女孩可能曾经经历过美好的时光，但突然之间，一切都结束了。新的环境往往就像一个测试一样。这个新的环境可以揭示她是否受过合作方面的正确训练，她能否适应社会，她是否有勇气。这种情况也能揭示出她是否能够承受贫穷的重压。也就是说，这意味着她能否与人合作。看上去，她似乎还不能与人恰当地合作。

她在德国的时候曾经是个好学生，8 岁时才离开德国。

这是两年前的事了。

来到这里后，因为拼写困难，算术的教法也与德国不一样，所以她在学校里的表现并不好。

老师往往不能体谅这一点。

由于母亲的溺爱，她非常依恋母亲。她很爱自己的父母。

如果你问孩子这样的问题：“妈妈和爸爸，你更喜欢谁？”他们通常会给出的答案是：“我都喜欢！”他们被父母教导要这样回答这个问题。我们有很多方法可以检验这个答案的真实性。一个好办法是把孩子放在父母之间，当我们和父母说话时，孩子会转向她更亲近的那个人。如果父母在房间里，孩子进来后，我们也可以看到同样的情况，她还是会走向她最亲近的那个人。

她有几个同龄的女性朋友，但不多。她最早的记忆是，8 岁的时候，她和父母住在乡下，经常和狗在草地上玩耍。那时他们家还有一辆马车。

她还记得过去富裕的生活，记得草地、小狗和马车。这种情况就像一个曾经很富有的人，总是回忆起他曾经拥有的汽车、马匹、漂亮房子、仆人等。我们可以理解，她对现在的情况很不满意。

她会梦到圣诞节，梦到圣诞老人给她带礼物。

她梦中的生活所传达出来的愿望和她现实生活中的愿望是一样的。她总是想要拥有更多的东西，因为她觉得自己被剥夺了，她想要重新获得她过去曾经拥有的东西。

她喜欢靠在母亲身上。

这表明她失去了勇气，也表明她在学校遇到了困难。我们向她解释说，虽然对她来说，遇到的困难比其他孩子更大，但她可以通过刻苦努力、变得更有勇气，让自己取得学习上的进步。

她又一次来到诊所，没有母亲的陪同。在学校，她的情况好了一些。在家里，她的事情都是自己做的。

我们建议她要独立，而不是依赖母亲，要独自做好自己的事情。

她为父亲做早餐。

这是一种培养合作意识的表现。

她觉得自己更勇敢了，在这次见面过程中也显得更自在了。

我们让她回去，下次和母亲一起过来。

这一次，她和母亲一起过来了，这是她母亲第一次来诊所。这位母亲工作一直很忙，之前走不开所以没有来过诊所。她告诉我们说，这个孩子是 2 岁的时候被他们领养的，孩子对此毫不知情。2 岁之前，这个孩子曾被六个不同的家庭收养。

对孩子来说这并不是一段美好的经历。这个女孩似乎在头两年里受了很多苦。因此，我们面对的是这样一个孩子，她可能曾经不被人喜欢，受到忽视，后来得到了这位母亲的悉心照料。这个孩子想要抓住这种有利的境况，是因为她心里还保留着她早期糟糕经历的无意识印象。也可以说，这两年的经历会对孩子产生很大的影响。

当这位母亲领养这个孩子时，她被告知必须要对孩子严格管教，因为孩子来自一个不太好的家庭。

给出这一建议的人肯定受到了遗传思想的毒害。如果这位母亲严加管教，但这个女孩还是变成了一个问题儿童，那么给出建议的人就会说："你看，我说得对吧！"他不知道这个孩子之所以成为问题儿童，他也要为此承担一定的责任。

因为亲生母亲很坏，使得养母觉得自己对这个女孩负有很大的责任，虽然她不是自己亲生的。有时她也会打孩子。

女孩的处境不像以前那么有利了。母亲纵容的态度有时会停止，取而代之的是对她的惩罚。

父亲也很溺爱孩子，她想要什么就给什么。如果她想要什么东西，她不会说"请"或"谢谢"，而是会说"你不是我妈妈"。

这个孩子要么知道自己是养女这个事实，要么无意中说出了一句直击要害的话。我们认识一个 20 岁的从小被领养的男孩，他不相信自己的母亲是亲生母亲，而他的父母却发誓说孩子不可能知道真相。显然，他有一种不是亲生的感觉。孩子们会从很小的事情中得出一些结论。孩子并不知道她是被收养的，但有时孩子却能感觉得出来。

她对母亲说了这句话，但没有对父亲说。

父亲没有给她机会攻击他，因为他给了她一切。

母亲无法理解她在新的学校发生的变化。现在孩子成绩很差，她不得不打她。

这个可怜的孩子因为成绩不好，已经感到十分羞辱和自卑，然后母亲又打了她一巴掌，这更加重了她的负面情绪。即使只遇到这两件事中的一件，也会让这个孩子承受不住。这是一个值得老师们思考的问题。老师应该意识到，当他们给孩子们打出了不好的成绩时，这往往预示着孩子们在家里遇到麻烦的开始。一个聪明的老师，如果他知道糟糕的成绩将成为母亲责骂孩子的原因，那么他会尽量避免这么做。

这个孩子说，她有时会忘记控制自己而大发脾气。她在学校里情绪激动，而且会把课堂搞得一团糟。她认为自己必须永远是第一。

我们可以理解独生子女的这种渴望，因为她的父亲会给她想要的一切。我们可以理解她喜欢当第一。我们知道过去她曾经拥有过草地、小狗和马车等，现在她感到过去的种种优越条件都被剥夺了。如今，她对优越感的追求变得更加强烈了，但由于她没有表达这种追求的途径，才会制造了很多麻烦。

我们向她解释说，她必须学会合作。我们告诉她，她变得情绪激动是为了成为关注的焦点，她突如其来地大发脾气只是为了让大家都注意到她。她在学校不好好学习是因为她的妈妈对她的成绩很生气，她在用这种方式对抗她的妈妈。

她会梦见圣诞老人给她带来了很多东西，但是她醒来却发现什么都没有。

在这里，她想再次唤起拥有她想要的一切的感觉和情绪，但“醒来却发现什么都没有”。我们绝不能忽视其中隐藏的危险。如果我们在梦中唤起这样的感觉和情绪，醒来后却发现什么都没有，那么我们自然会感到失望。然而，梦唤起的其实是与梦醒后的感觉相一致的情感。换句话说，梦的情感目标不是唤起那种拥有一切的奇妙感觉，而是唤起失望的感觉。正是因为如此，梦境被创造出来，直到目标实现，也就是失望发生了。患抑郁症的人会做很美妙的梦，但醒来时却发现现实与梦境恰恰相反。我们可以理解为什么这个女孩会感到失望。她想要谴责母亲，因为现在的生活在她看来是非常不幸的。她觉得自己一无所有，母亲也没有给她任何东西。“她会打我，只有父亲才会给我想要的东西。”

总结这个案例，我们可以看到，这个孩子总是想要让自己失望，这样她就可以指责母亲。她在对抗母亲。如果想要阻止这场抗争，我们就必须让她相信，无论是她在家里的行为、她的梦，还是她在学校的行为，都属于同一种错误模式。她错误的生活方式，很大程度上是由于她刚到美国不久，而且没有熟练掌握英语造成的。因此，我们必须让她相信，这些困难本来是很容易就能克服的，但她故意把它们作为和母亲对抗的武器。我们还必须说服母亲停止责打孩子，这样就不会给孩子对抗的借口。我们必须让孩子意识到，“我不专心，我忘了控制自己，我还会发脾气，都是因为我想给妈妈制造麻烦。”如果孩子能意识到这一点，她就可以停止她的不良行为了。在她还没有意识到在家里、学校和梦中所有这些经历和印象所隐含的意义之前，她当然不可能改变自己的性格。

因此，我们可以知道心理学是什么——心理学就是去理解一个人是如何运用自己的印象和经验的。换句话说，心理学意味着理解儿童在行为中、在对刺激做出反应时，所遵循的知觉图式；理解儿童如何看待特定的刺激，如何对这些刺激做出反应，以及如何利用这些刺激来达到自己的目的。